“十四五”时期国家重点出版物出版专项规划项目
大宗工业固体废弃物制备绿色建材技术研究丛书（第二辑）

固体废弃物制备泡沫混凝土

主　编 ◎ 闫振甲
副主编 ◎ 张建华　甘明生　吕文朴　孙明新

中国建材工业出版社
北　京

图书在版编目（CIP）数据

固体废弃物制备泡沫混凝土/闫振甲主编. --北京:
中国建材工业出版社, 2024.1
（大宗工业固体废弃物制备绿色建材技术研究丛书/
王栋民主编. 第二辑）
ISBN 978-7-5160-3715-7

Ⅰ.①固… Ⅱ.①闫… Ⅲ.①固体废物-制备-泡沫混凝土-研究 Ⅳ.①TU528.2

中国国家版本馆CIP数据核字（2023）第015871号

固体废弃物制备泡沫混凝土
GUTI FEIQIWU ZHIBEI PAOMO HUNNINGTU
主　编◎闫振甲
副主编◎张建华　甘明生　吕文朴　孙明新

出版发行: 中国建材工业出版社
地　　址: 北京市海淀区三里河路11号
邮　　编: 100831
经　　销: 全国各地新华书店
印　　刷: 北京印刷集团有限责任公司
开　　本: 787mm×1092mm　1/16
印　　张: 15.5
字　　数: 240千字
版　　次: 2024年1月第1版
印　　次: 2024年1月第1次
定　　价: 78.00元

本社网址: www.jccbs.com, 微信公众号: zgjcgycbs

《大宗工业固体废弃物制备绿色建材技术研究丛书》(第二辑)

编　委　会

《固体废弃物制备泡沫混凝土》
编　委　会

主　　编：闫振甲

副 主 编：张建华　甘明生　吕文朴　孙明新

编　　委：陈志纯　何艳君　华振贵　许言言　范志广

李玉商　王利亚　赵敬辛　于　翔　雷　雲

宋江俊　周骏宇　张　雷　孙根生　尚晓静

高翊航　王青茹

院士推荐

RECOMMENDATION

我国有着优良的利废传统，早在中华人民共和国成立初期，聪明的国人就利用钢厂、玻璃厂、陶瓷厂等工业炉窑排放的烟道飞灰，替代一部分水泥生产混凝土。随着我国经济的高速发展，社会生活水平不断提高以及工业化进程逐渐加快，工业固体废弃物呈现了迅速增加的趋势，给环境和人类健康带来危害。我国政府工作报告曾提出，要加强固体废弃物和城市生活垃圾分类处置，促进减量化、无害化、资源化，这是国家对技术研究和工业生产领域提出的时代新要求。

中国建材工业出版社利用其专业优势和作者资源，组织国内固废利用领域学术团队编写《大宗工业固体废弃物制备绿色建材技术研究丛书》（第二辑），阐述如何利用钢渣、循环流化床燃煤灰渣、废弃石材等大宗工业固体废弃物，制备胶凝材料、混凝土掺和料、道路工程材料等建筑材料，推进资源节约，保护环境，符合国家可持续发展战略，是国内材料研究领域少有的引领性学术研究类丛书，希望这套丛书的出版可以得到国家的关注和支持。

中国工程院　姜德生院士

院士推荐

RECOMMENDATION

我国是人口大国，近年来基础设施建设发展快速，对胶凝材料、混凝土等各类建材的需求量巨大，天然砂石、天然石膏等自然资源因不断消耗而面临短缺，能部分替代自然资源的工业固体废弃物日益受到关注，某些区域工业废弃物甚至出现供不应求的现象。

中央全面深化改革委员会曾审议通过《"无废城市"建设试点工作方案》，这是党中央、国务院为打好污染防治攻坚战做出的重大改革部署。我国学术界有必要在固体废弃物资源化利用领域开展深入研究，并促进成果转化。但固体废弃物资源化是一个系统工程，涉及多种学科，受区域、政策等多重因素影响，需要依托社会各界的协同合作才能稳步前进。

中国建材工业出版社组织相关领域权威专家学者编写《大宗工业固体废弃物制备绿色建材技术研究丛书》（第二辑），讲述用固废作为原材料，加工制备绿色建筑材料的技术、工艺与产业化应用，有利于加速解决我国资源短缺与垃圾"围城"之间的矛盾，是值得国家重视的学术创新成果。

中国科学院　何满潮院士

丛书前言

PREFACE TO THE SERIES

《大宗工业固体废弃物制备绿色建材技术研究丛书》（第一辑）自出版以来，在学术界、技术界和工程产业界都获得了很好的反响，在作者和读者群中建立了桥梁和纽带，也加强了学者与企业家之间的联系，促进了产学研的发展与进步。作为专著丛书中一本书的作者和整套丛书的策划者以及丛书编委会的主任委员，我激动而忐忑。丛书（第一辑）全部获得了国家出版基金的资助出版，在图书出版领域也是一个很高的荣誉。缪昌文院士和张联盟院士为丛书作序，对于内容和方向给予极大肯定和引领；众多院士和学者担任丛书顾问和编委，为丛书选题和品质提供保障。

“固废与生态材料”作为一个事情的两个端口经过长达10年的努力已经越来越多地成为更多人的共识，其中“大宗工业固废制备绿色建材”又绝对是其中的一个亮点。在丛书第一辑中，已就煤矸石、粉煤灰、建筑固废、尾矿、冶金渣在建材领域的各个方向的制备应用技术进行了专门的论述，这些论述进一步加深了人们对于物质科学的理解及对于地球资源循环转化规律的认识，为提升人们认识和改造世界提供新的思维方法和技术手段。

面对行业进一步高质量发展的需求以及作者和读者的一致呼唤，中国建材工业出版社联合中国硅酸盐学会固废与生态材料分会组织了《大宗工业固体废弃物制备绿色建材技术研究丛书》（第二辑），在第二辑即将出版之际，受出版社委托再为丛书写几句话，和读者交流一下，把第二辑的情况作个导引阅读。

第二辑共有8册，内容包括钢渣、矿渣、镍铁（锂）渣粉、循环流化床电厂燃煤灰渣、花岗岩石材固废等固废类别，产品类别包括地质聚合物、胶凝材料、泡沫混凝土、辅助性胶凝材料、管廊工程混凝土等。第二辑围绕上述大宗工业固体废弃物处置与资源化利用这一核心问题，在对其物相组成、结构特性、功能研究以及将其作为原材料制备节能环保建筑材料的研究开发及应用的基础上，编著成书。

中国科学院何满潮院士和中国工程院姜德生院士为丛书（第二辑）选题进行积极评价和推荐，为丛书增加了光彩；丛书（第二辑）入选“‘十四五’时期国家重点出版物环境科学出版专项规划项目”。

固废是物质循环过程的一个阶段，是材料科学体系的重要一环；固废是复杂的，是多元的，是极富挑战的。认识固废、研究固废、加工利用固废，推动固废资源进一步转化和利用，是材料工作者神圣而光荣的使命与责任，让我们携起手来为固废向绿色建材更好转化做出我们更好的创新型贡献！

王栋民

中国硅酸盐学会　常务理事

中国硅酸盐学会固废与生态材料分会　理事长

中国矿业大学（北京）　教授、博导

院士推荐
（第一辑）
RECOMMENDATION

大宗工业固体废弃物产生量远大于生活垃圾，是我国固体废弃物管理的重要对象。随着我国经济高速发展，社会生活水平不断提高以及工业化进程逐渐加快，大宗工业固体废弃物呈现了迅速增加的趋势。工业固体废弃物的污染具有隐蔽性、滞后性和持续性，给环境和人类健康带来巨大危害。对工业固体废弃物的妥善处置和综合利用已成为我国经济社会发展不可回避的重要环境问题之一。当然，随着科技的进步，我国大宗工业固体废弃物的综合利用量不断增加，综合利用和循环再生已成为工业固体废弃物的大势所趋，但近年来其综合利用率提升较慢，大宗工业固体废弃物仍有较大的综合利用潜力。

我国“十三五”规划纲要明确提出，牢固树立和贯彻落实创新、协调、绿色、开放、共享的新发展理念，坚持节约资源和保护环境的基本国策，推进资源节约集约利用，做好工业固体废弃物等大宗废弃物资源化利用。中国建材工业出版社协同中国硅酸盐学会固废与生态材料分会组织相关领域权威专家学者撰写《大宗工业固体废弃物制备绿色建材技术研究丛书》，阐述如何利用煤矸石、粉煤灰、冶金渣、尾矿、建筑废弃物等大宗固体废弃物来制备建筑材料的技术创新成果，适逢其时，很有价值。

本套丛书反映了建筑材料行业引领性研究的技术成果，符合国家绿色发展战略。祝贺丛书第一辑获得国家出版基金的资助，也很荣幸为丛书作推荐。希望这套丛书的出版，为我国大宗工业固废的利用起到积极的推动作用，造福国家与人民。

中国工程院　缪昌文院士

院士推荐
（第一辑）
RECOMMENDATION

习近平总书记多次强调，绿水青山就是金山银山。随着生态文明建设的深入推进和环保要求的不断提升，化废弃物为资源，变负担为财富，逐渐成为我国生态文明建设的迫切需求，绿色发展观念不断深入人心。

建材工业是我国国民经济发展的支柱型基础产业之一，也是发展循环经济、开展资源综合利用的重点行业，对社会、经济和环境协调发展具有极其重要的作用。工业和信息化部发布的《建材工业发展规划（2016—2020年）》提出，要坚持绿色发展，加强节能减排和资源综合利用，大力发展循环经济、低碳经济，全面推进清洁生产，开发推广绿色建材，促进建材工业向绿色功能产业转变。

大宗工业固体废弃物产生量大，污染环境，影响生态发展，但也有良好的资源化再利用前景。中国建材工业出版社利用其专业优势，与中国硅酸盐学会固废与生态材料分会携手合作，在业内组织权威专家学者撰写了《大宗工业固体废弃物制备绿色建材技术研究丛书》。丛书第一辑阐述如何利用粉煤灰、煤矸石、尾矿、冶金渣及建筑废弃物等大宗工业固体废弃物制备路基材料、胶凝材料、砂石、墙体及保温材料等建材，变废为宝，节能低碳；第二辑介绍如何利用钢渣、矿渣、镍铁（锂）渣粉、循环流化床电厂燃煤灰渣、花岗岩石材固废等制备建筑材料的相关技术。丛书第一辑得到了国家出版基金资助，在此表示祝贺。

这套丛书的出版，对于推动我国建材工业的绿色发展、促进循环经济运行、快速构建可持续的生产方式具有重大意义，将在构建美丽中国的进程中发挥重要作用。

中国工程院　张联盟院士

丛书前言

（第一辑）

PREFACE TO THE SERIES

中国建材工业出版社联合中国硅酸盐学会固废与生态材料分会组织国内该领域专家撰写《大宗工业固体废弃物制备绿色建材技术研究丛书》，旨在系统总结我国学者在本领域长期积累和深入研究的成果，希望行业中人通过阅读这套丛书而对大宗工业固废建立全面的认识，从而促进采用大宗固废制备绿色建材整体化解决方案的形成。

固废与建材是两个独立的领域，但是却有着天然的、潜在的联系。首先，在数量级上有对等的关系：我国每年的固废排出量都在百亿吨级，而我国建材的生产消耗量也在百亿吨级；其次，在成分和功能上有对等的性能，其中无机组分可以谋求作替代原料，有机组分可以考虑作替代燃料；第三，制备绿色建筑材料已经被认为是固废特别是大宗工业固废利用最主要的方向和出路。

吴中伟院士是混凝土材料科学的开拓者和学术泰斗，被称为“混凝土材料科学一代宗师”。他在二十几年前提出的“水泥混凝土可持续发展”的理论，为我国水泥混凝土行业的发展指明了方向，也得到了国际上的广泛认可。现在的固废资源化利用，也是这一思想的延伸与发展，符合可持续发展理论，是环保、资源、材料的协同解决方案。水泥混凝土可持续发展的主要特点是少用天然材料、多用二次材料（固废材料）；固废资源化利用不能仅仅局限在水泥、混凝土材料行业，还需要着眼于矿井回填、生态修复等领域，它们都是一脉相承、不可分割的。可持续发展是人类社会至关重要的主题，固废资源化利用是功在当代、造福后人的千年大计。

2015年后，固废处理越来越受到重视，尤其是在党的十九大报告中，在论述生态文明建设时，特别强调了“加强固体废弃物和垃圾处置”。我国也先后提出“城市矿产”“无废城市”等概念，着力打造

“无废城市”。“无废城市”并不是没有固体废弃物产生，也不意味着固体废弃物能完全资源化利用，而是一种先进的城市管理理念，旨在最终实现整个城市固体废弃物产生量最小、资源化利用充分、处置安全的目标，需要长期探索与实践。

这套丛书特色鲜明，聚焦大宗固废制备绿色建材主题。第一辑涉猎煤矸石、粉煤灰、建筑固废、冶金渣、尾矿等固废及其在水泥和混凝土材料、路基材料、地质聚合物、矿井充填材料等方面的研究与应用。作者们在书中针对煤电固废、冶金渣、建筑固废和矿业固废在制备绿色建材中的原理、配方、技术、生产工艺、应用技术、典型工程案例等方面都进行了详细阐述，对行业中人的教学、科研、生产和应用具有重要和积极的参考价值。

这套丛书的编撰工作得到缪昌文院士、张联盟院士、彭苏萍院士、何满潮院士、欧阳世翕教授和晋占平教授等专家的大力支持，缪昌文院士和张联盟院士还专门为丛书做推荐，在此向以上专家表示衷心的感谢。丛书的编撰更是得到了国内一线科研工作者的大力支持，也向他们表示感谢。

《大宗工业固体废弃物制备绿色建材技术研究丛书》（第一辑）在出版之初即获得了国家出版基金的资助，这是一种荣誉，也是一个鞭策，促进我们的工作再接再厉，严格把关，出好每一本书，为行业服务。

我们的理想和奋斗目标是：让世间无废，让中国更美！

王栋民

中国硅酸盐学会　常务理事

中国硅酸盐学会固废与生态材料分会　理事长

中国矿业大学（北京）　教授、博导

前言

PREFACE

泡沫混凝土是与我国改革开放同步，自20世纪80年代初期崛起并快速发展起来的。目前，我国已成为世界上最大的泡沫混凝土生产国和应用国。这是值得我们骄傲的，在骄傲之余，我们也不得不看到，我国泡沫混凝土在制备过程中面临着水泥用量偏大，绿色化程度不高，从而导致其材料成本居高不下，与其他轻质建筑材料相比竞争力不强等问题。这将影响其在更大范围内的推广和应用。也可以说，我国泡沫混凝土技术能否可持续快速发展，取决于能否从绿色化这方面取得重大的突破。

可喜的是，国内许多企业已经在这方面做出了积极、卓有成效的探索，并一致认为，企业要坚持绿色化、低碳化的发展方向，利用固体废弃物（以下简称“固废”）降低泡沫混凝土水泥原材料的用量，进而降低生产成本，提高产品的市场竞争力。

为实现这个目标，近年来，泡沫混凝土行业的大多数企业都开始探索和应用固废作为掺和料，并取得了一系列技术成果和应用经验。在这些成果和经验的促进下，泡沫混凝土的水泥用量已下降20%以上，掺用固废30%~50%，最高已达70%，大大提高了泡沫混凝土的绿色化程度及竞争力，使泡沫混凝土的发展进入了绿色发展阶段。为了使更多的企业从这些技术成果和应用经验中获得启发，本书将各企业在固废应用中的技术成果和应用经验进行了较为系统的整理，并汇集成册，方便大家在生产中参考和应用。同时，本书也可为所有固废利用的研究者提供可借鉴的参考资料。

感谢中国硅酸盐学会固废与生态材料分会理事长王栋民教授，在他的努力下，本书有幸列入《大宗工业固体废弃物制备绿色建材技术研究丛书》。更令人感动的是，王栋民教授执笔，为本书撰写了审查意见，提出了本书的编著原则及要点，保证本书内容的完整性、系统性和合理性。

感谢河南华泰新材科技股份有限公司为本书提供的大量素材，尤其是大量的技术资料和工程案例，为本书的顺利撰写发挥了关键作用。

限于条件，本书编著者无法将各企业在泡沫混凝土中应用固废的经验和成果进行完整收集和整理，本书在内容上也可能会漏失他们许多宝贵的东西，在此，特向读者致以歉意。

最后，愿本书的出版能够抛砖引玉，使泡沫混凝土行业利用固废的水平迈上一个新的台阶。

本书编委会

2022 年 10 月

目 录

CONTENTS

1 概述

1.1 泡沫混凝土利用固废的发展状况

1.1.1 我国早期泡沫混凝土利用固废的情况

在我国经济发展的起步期（中华人民共和国成立初期），人们就开始利用固废生产泡沫混凝土。固废的资源化利用，在我国已有几十年的发展历史。

早在 1950 年，我国政府就着手从苏联引进泡沫混凝土生产技术。因为，中华人民共和国成立后面临的第一个困难就是电力短缺。要发展工业，没有电就是空谈。所以，国家首先要建一批火电厂。但是，建火电厂就要有大量的热力管道保温外壳。这种外壳只有超高价从苏联进口岩棉制品。我国当时是购买不起的。苏联专家就向我国推荐他们的泡沫混凝土管道外壳技术。引进这项技术后可自行加工保温管道外壳，不需进口岩棉。国家立即责成当时的中国科学院土木工程研究所负责组织这项技术的引进。于是，土木所就派遣黄兰谷等人前往苏联学习泡沫混凝土技术。1952 年黄兰谷等人回国后，配合当时的电力工业部组织生产泡沫混凝土管道外壳。从 1953 年开始，这种泡沫混凝土管道外壳就用于国家首批建设的河北峰峰电厂、大连电厂等工程上，解了国家的燃眉之急。从此，我国泡沫混凝土产业开始萌芽发展，迅速扩展到厂房屋面板、墙体砌块等领域。

由于当时生产泡沫混凝土用的水泥也很缺，价格很高。为了降低水泥用量，聪明的中国科学工作者就想到了用烟道灰代替一部分水泥，并试验成功。从 1955 年起，我国烟道灰泡沫混凝土开始用于生产。所以，中国是世界上较早利用固废生产泡沫混凝土的国家，至今有近 70 年的历史，值得我们骄傲。1957 年，泡沫混凝土专家李克明和朱福民将他们的利废经验进行总结推广，由当时的建筑工程出版社（现在的中国建筑工业出版社前身）出版了世界上第一本利用固废生产泡沫混凝土的专著《生石灰烟道土生产泡沫混凝土》。烟道灰当时是指钢厂、玻璃厂、陶瓷厂等工业炉窑排放的烟道飞灰。所以，我国泡沫混凝土从一开始就利用了固废，并非始于今天。

从1951—1966年，是我国泡沫混凝土应用固废的早期阶段。这一阶段主要以应用烟道灰为标志，以降低水泥用量和生产成本的理念为特点。

1.1.2 我国中期泡沫混凝土利用固废的情况

改革开放之初，泡沫混凝土重新在我国崛起，直到2000年，这是我国泡沫混凝土利用固废的中期阶段。

这一阶段的显著标志是泡沫混凝土已不再应用性能较差的烟道灰，而是以大量应用粉煤灰和矿渣、硅灰及其他活性固废为标志。泡沫混凝土利用固废已把单纯降低水泥用量和降低生产成本的目标放在第二位，而改善泡沫混凝土性能上升到第一位。这是利用固废观念上的一个跃升。

1980—1990年，由于泡沫混凝土重新起步发展，多以水泥为主，利用固废不多，只有少量的尝试。1990年以后，我国泡沫混凝土已经初具规模，达到了年产500万m^3以上，提高泡沫混凝土的质量研究已较多。其中，以粉煤灰的微集料效应、活性效应、形态效应来提高泡沫混凝土性能备受关注，发表的论文达100多篇。粉煤灰开始大量应用于泡沫混凝土，掺量已达20%～30%。同时，硅灰、火山灰粉、沸石粉、矿渣微粉也开始应用于泡沫混凝土，且矿渣应用也较普遍。人们在泡沫混凝土中利用固废的意识开始普遍觉醒。这是一个质的飞跃。

到20世纪末，已有50%左右的泡沫混凝土企业开始利用各种活性固废。这说明，泡沫混凝土应用固废技术日趋成熟，已进入了规模化生产阶段，而不仅仅是尝试。

1.1.3 我国近期泡沫混凝土利用固废的情况

从2001年到现在，是我国泡沫混凝土利用固废的近期阶段。今后，我们还会进入远期阶段。

最近的二十多年里，泡沫混凝土利用固废进入一个全新的繁盛期。以河南华泰新材料科技股份有限公司为代表的一批固废利用明星企业，迅速崛起。它们对固废的利用已不限于20世纪末的少数几种活性品种，已扩展到大部分固废，品种已达100多种。其类型也由20世纪单纯的活性类固废，扩展到尾矿粉及废石粉、废瓷粉等活性固废，秸秆等农作物废弃物等，几乎涉及固废的各种类型。另外，许多企业利用固废的理念也发生了根本性的改变，已从降低生产成本，提高性能，上升到绿色环保及泡沫混凝土低碳发展的高层次理念。更为重要的，还有这些企业利用技术水平的飞跃发展，使固废利用的工艺更加丰富，水平也更高，固废的掺量也更大。例如，20世纪一般是粉煤灰等常温直接掺入泡沫混凝土，而现在还有华泰新材科技股份有限公司的预制型复合固废和其他企业的蒸养及蒸压、远红外养护、超声搅拌等高科技工艺手段，以及各种固废的超微预处理、微波预处理、多种方式联合深化等现代化预处理方法。这一切技术的进步，促使固废在泡沫混凝土中的掺量已达30%～70%，蒸压后已达72%～80%。

至此，我国泡沫混凝土应用固废已达到相当高的水平，在世界上也居于前列。其中的很多应用技术，均为我国独创。

1.1.4 我国远期泡沫混凝土利用固废的展望

可以预见，在将来的岁月里，我国远期泡沫混凝土利用固废将呈现更加蓬勃发展的趋势，并且会越来越好。

1. 用量会越来越大

泡沫混凝土中固废的比例将越来越大，年利用的总量将逐年增加。这已经被过去70年的历史所印证。过去的中期阶段，其应用量是早期的几百倍，而近期的用量又是中期的几十倍，远期的用量不可估量。

2. 应用的固废种类也会越来越多

早期时仅一种，中期时只有四五种，近期达到了四大类100多种。未来随着科技水平的提高，现在仍不能开发利用的固废，将来也会被成功利用。预计利用的品种范围将扩大到绝大多数的品种。

3. 应用的技术手段会越来越多，科技含量也会越来越高

未来能采用的方法现在很难猜想和预估。这将随着科技的发展而发展。我们现在已使用的预制复合固废、远红外线养护制品、超声搅拌物料、超微预处理，当时也是无法想象的。

4. 利用固废的经济效益、技术效益和社会效益也会越来越明显

早期时，效益虽有，也仅体现在经济效益上，且也不高，社会效益及改善产品性能的效益几乎没有，而中期改善产品性能效益和经济效益都已显著。而到了近期，三种效益均达到了较高的水平。未来，三方面

效益肯定会有令人想象不到的惊喜。

总之，未来泡沫混凝土利用固废的总体水平会逐年提升，这是毋庸置疑的。

1.2 泡沫混凝土利用固废的三大效益

泡沫混凝土利用固废之所以使企业有积极性、专家们有研究的热情、行业协会及政府会全力推动，是因为它会提高固废的减量化，对企业会产生明显的经济效益和产品性能改善的技术效益，对国家及社会产生显著的生态环保效益。

1.2.1 经济效益

利用固废制备泡沫混凝土，在不降低泡沫混凝土性能（尤其是抗压强度）的情况下，可以节省水泥用量10%～30%。现在，水泥价格越来越高，假如平均按降低20%的水泥用量计算，每1m^3可减少水泥用量50～100kg，每1m^3至少增加25～50元的纯利润。若按年产5万m^3泡沫混凝土计算，企业就可以增加收入125万～250万元，这对泡沫混凝土行业企业来说，很有吸引力。

利用固废之所以可以降低水泥用量及泡沫混凝土的生产成本，是因为活性固废的主要成分是活性硅和铝，在激发剂化学活化与机械物理活化后，其硅铝成分的活性被激活，常温或蒸压蒸养条件下，可以发生水化反应，产生类似水泥的胶凝成分水化硅酸钙或铝酸钙，从而取代水泥。非活性的含硅的固废，也可以在有钙质存在的条件下，通过蒸压产生硅钙反应，生成类似水泥作用的水化硅酸钙或铝酸钙取代水泥。这些固废产生的水化产物均可以取代一部分水泥，从而降低水泥用量。

这种经济效益在过去的几十年生产实践中已被事实所验证，确实有效。如果将来技术水平得到进一步提高，这种效益会日益增大，因而越来越被企业所重视。

1.2.2 技术效益

技术效益是指利用固废后产生的工艺性技术效益及对泡沫混凝土产品性能改善所产生的技术性效益。

技术性效益主要表现在两个方面：工艺效益与产品改善性能效益。

1. 工艺效益

工艺效益有两个方面：一个方面是提高浆体的和易性，提高生产效率，另一个方面是改善泡沫混凝土料浆的悬浮性，防沉降。当然，这不是指所有的固废。不同的固废会有不同的特性，所以其显示的工艺性能也不同。

工艺效益主要是提高固废的浆体和易性，效果最明显的如粉煤灰、粉煤灰漂珠、膨润土尾矿粉等。粉煤灰及粉煤灰漂珠中，其粉体颗粒呈球状，有润滑作用，它们对泡沫混凝土料浆均有良好的增强和易性的作用。而膨润土尾矿粉等则有分散作用，膨润土尾矿粉还可增加料浆的触变性。其次是改善泡沫混凝土料浆悬浮性，具有防沉作用。除了前述的膨润土尾矿粉外，那些超细固废，如超细粉煤灰、硅灰、矿渣微粉、尾矿粉等，在浆体中呈悬浮态，不易沉淀，有利于料浆的稳定性。另一类低密度的固废如漂珠、废泡沫塑料、浮石尾矿粉等由于质轻，也有此特性。

2. 产品改善性能效益

许多固废都有可以在某些方面改善泡沫混凝土性能的功能。泡沫混凝土在使用固废后，在某些方面会使性能有所提高。性能的改善方案有三类。

（1）提高强度

许多固废，尤其是那些含有活性成分的固废，由于活性成分在钙质存在下发生水化生成水化硅酸盐、铝酸盐，增加胶凝物质，在不减少水泥用量的情况下，当掺量合理时，就可以提高泡沫混凝土强度的5%～30%。现在的试验表明，在有大量高效激发剂及较高温湿度的条件下，配比科学、工艺先进，其强度最高可提高50%。泡沫混凝土行业在近年的试验中，一部分企业已将500kg/m^3级的泡沫混凝土的强度做到了10MPa以上。

（2）降低密度和导热系数

有些低密度的固废由于质轻，可以降低泡沫混凝土的密度和导热系数，加量越大则降低幅度越大，如粉煤灰漂珠、秸秆粉、稻壳、废泡沫塑料等。泡沫混凝土以低密度为特征，使用轻质固废，有利于降低内部泡孔的比率，并使导热系数降低。

（3）提高韧性及抗裂性

纤维类的固废如秸秆粉、竹加工下脚料粉、棉花秸秆粉、海泡石及硅灰石尾矿粉、岩棉尾矿粉等，都可以提高泡沫混凝土韧性，增强其抗裂性。

1.2.3 生态环保的社会效益

泡沫混凝土利用固废，其最大的效益应该不是其经济效益和技术效益，而是其消纳固废、降低污染排放、保护环境生态的社会效益。

它降低环境污染表现在两个方面：

1. 降低碳排放

利用固废制备泡沫混凝土，每 1m^{3}平均可节省水泥 100kg。水泥的生产是高排放二氧化碳的。泡沫混凝土少用了水泥，也就等于降低了碳排放，保护了我们的大气层和蓝天。现在的泡沫混凝土年产量已达 8500 万 m^3，其中有 5000m^{3}掺用了固废，每 1m^{3}节省 100kg 水泥，每年可节省 500 万 t 水泥。每生产 1t 水泥，二氧化碳排放量为 940kg（0. 94t），那么，年节约水泥即达 500 万 t，可减少二氧化碳排放超过 470 万 t，还是十分惊人的。

2. 降低固废存量

泡沫混凝土使用固废，最直接的社会效益是降低了固废存量。按平均每 1m^{3}使用 100kg 固废计算，年产 8500 万 m^{3}泡沫混凝土中，其中若有 5000 万 m^{3}泡沫混凝土使用固废，年可利用固废 500 万 t，可以有效降低固废的存量。

1.3 泡沫混凝土可利用的固废种类

泡沫混凝土可以利用的固废种类，如果细算下来，可以达到 100 种以上。这些固废大致可以分为以下几大类：

1. 活性废渣类

这一类固废的主要品种有粉煤灰、钢渣、矿渣、煅烧煤矸石、烧废土、煅烧化学石膏、磷渣、铅锌渣、铜冶炼渣、镍冶炼渣以及其他各种有色金属冶炼渣、火山渣（浮石）、膨胀珍珠岩粉、硅灰、烟灰等。

2. 尾矿粉

这一类固废的主要品种有铁尾矿粉、铜尾矿粉、金属矿粉、白云石尾矿粉、萤石尾矿粉、石英尾矿粉、硅藻土尾矿粉、高岭土尾矿粉、膨润土尾矿粉、滑石尾矿粉等。

3. 工业非活性废渣

这一类固废主要品种有赤泥、电石渣、硫酸渣、硫酸铝渣、碱渣、石灰石粉等。

4. 建筑垃圾

这一类固废的主要品种有废砖瓦粉、废混凝土粉和废砂等。

5. 石材及陶瓷加工废石粉

这一类主要指石料切割废粉、石材抛光废粉、石材修边废粉、破损陶瓷加工粉、陶瓷抛光粉、陶瓷修边粉，石料开采废石粉及砂等。

6. 农作物废弃物

这一类主要指各种秸秆粉、籽壳粉、玉米芯颗粒等。

7. 废泡沫塑料

这一类主要指常见的废聚苯板粉碎颗粒、废硬质泡沫聚氨酯粉碎颗粒、废酚醛泡沫粉等。

1.4 存在的问题及发展趋势

1.4.1 存在的问题

几十年来，固废虽然一直应用于泡沫混凝土，但并不十分理想，还存在一些亟待解决的问题。这些问题在以后若不逐步解决，将影响其应用率的提高及应用效果的提高。存在的主要问题如下。

1. 掺量低

目前，除河南华泰新材料科技股份有限公司（以下简称“华泰公司”）等少数先进领军企业外，其他泡沫混凝土企业掺用固废，其掺量大多为10%～30%，除了蒸压产品掺用大于70%外，其余一般在30%以下，个别可能达到40%。总体来看，多数企业掺量是较低的。这与期望的掺用量有相当的距离。按目前这个掺量计算，一年的总消耗固废的量没有多少，与目前固废的存量相比，微不足道。如何加大多数企业固废掺用率，仍是泡沫混凝土行业面临的最大问题。

2. 可利用的品种少

泡沫混凝土眼下实际已经应用的固废，除华泰公司等少数企业外，多数企业也就那么几种。常用的大多是粉煤灰，此外是矿渣、秸秆粉等。其他的多处于研究状态，多停留于研究报告和论文中，实际应用并不多。所以，泡沫混凝土应用固废真正在生产中应用的品种并不多，像煤矸石泡沫混凝土，论文发表的有100多篇，学术报告也不少，而实际生产中很难见到应用，更非规模化推广应用。

3. 利用的技术手段较少

目前，泡沫混凝土中应用固废，能像华泰公司那样预制复合的不多，大多数企业直接掺用，很少对固废进行活化处理。大多企业都怕费事，不愿对废弃物进行粉磨、煅烧等预处理，一般都是固废原状品直接掺用。这导致固废掺量低，掺用效果不好。只有粉煤灰、矿渣泡沫混凝土砌块进行了蒸压处理，但应用也不广，只限于个别的沿海企业。秸秆粉进行预处理应用的几乎没有。谈及预处理，很多企业大多不懂，也不会实施。

4. 掺用的动机多限于节省水泥

泡沫混凝土掺用固废，本来的主要目的应是提高泡沫混凝土工程回填和少数一些产品的绿色化程度，以及改善泡沫混凝土产品的质量，提高其性能，其次才是节省水泥，降低生产成本。但在实际生产中，反其道而行之，只是把重点放在节省水泥、降低成本上，对其提高产品的绿色化程度及提高性能，则极少关注。这就使掺用固废的效果打了折扣，对产品性能的改善提高得不多，使其实际功效没有很好地发挥。

5. 应用固废的领域较少

现在，在生产中实际应用了固废的，大多集中于泡沫混凝土制品上，如砌块、墙板、保湿板等几个产品。而在目前产量最大的现浇领域（约占泡沫混凝土总产量的70%以上）则应用较少。其主要原因是现浇的设备比较简单，没有原料自动称量及上料系统，人工添加固废来不及。要添加固废首先就得改进现浇设备，而施工企业显然没有这个能力。

1.4.2 发展展望与建议

1. 发展展望

泡沫混凝土中利用固废在未来的发展趋势，可以肯定的是规模会越来越大，应用的水平会越来越高，应用的领域会越来越广，应用的固废品种会日益增多。其原因有如下三点：

（1）国家政策导向及激励措施，已经深入人心，产生了一定的调动作用

这一政策的执行力度会逐年加大，对企业会产生积极的影响。利用固废的社会氛围正在形成，将促进企业利用固废。

（2）企业以前的利用经验使其尝到降低生产成本的甜头，有一定的示范效应

凡是以前利用过固废的企业，都已不同程度地受益，确实可以产生较好的经济效益。这对其他企业的利用起到了引导、示范作用，会刺激其他企业应用。现在已经出现这样的情况：一个地方，若一个企业成功地在泡沫混凝土中添加了粉煤灰，节约了水泥，很快，当地就会有一批企业跟进，明显起到了带头作用。以后，随着应用企业的逐渐增多，这种连锁效应会日益强化。

（3）新技术的出现及普及，会刺激和激发企业利用固废的热情

近年，一些固废利用的新技术、新成果不断出现，有些还非常先进。这对企业也有一定的拉动作用。例如，京津地区原来没有人利用废泡沫聚氨酯，但在几年内就被各企业广泛接受，先是在京津推广，近两年已普及全国。以后，像这样的情况会越来越多地出现。

2. 发展建议

为了在泡沫混凝土行业更广泛地推广应用固废，就现存的一些问题及解决方案，笔者在这里提出如下建议：

（1）主管职能部门及行业协会应树立典范

建议泡沫混凝土的职能主管部门及协会，在行业内树立应用固废成功的一些典范，并召开现场会推广他们的经验，给予这些企业激励，促使华泰公司等企业发挥更大的示范作用。

（2）技术开发及研究部门应多与生产相结合，推广新成果

近年，一些大专院校及科研单位，开发和研究出许多固废在泡沫混凝土中的应用成果，但仅限于论文，和生产结合不紧密，成果转化较差。建议将研发与生产相结合，多与生产企业沟通，加大成果推广力度，使成果多转化为生产力。

（3）企业应加强对固废利用新技术的引进

现在，有些泡沫混凝土企业没有利用固废，其中一个主要原因就是其根本就不知道在泡沫混凝土中固废怎么用，这方面的技术一窍不通，想用也用不了。所以，建议生产泡沫混凝土的企业不要因循守旧，要积极寻找固废利用新技术，主动接受新技术，向华泰公司等学习经验，从

不懂到懂，从不会用到内行。

（4）投资者应多支持固废利用企业

目前，有些泡沫混凝土企业不利用固废，也是因为缺乏资金。要利用固废就要增加设备。例如，要采用蒸压粉煤灰泡沫混凝土，一套生产线需要投资几百万元，没钱也干不了。这要与投资者结合，吸纳资金。投资者也应多多支持泡沫混凝土企业利废项目。

2 固废泡沫混凝土制备原理

固体废弃材料种类很多，而且成分差异很大，理化性能各不相同，但它们都能被用作泡沫混凝土的主料或辅料，制备出性能优良且成本更低的高性价比泡沫混凝土产品。制备泡沫混凝土的原理虽有一定的差别，但总体来看，仍然有共性的规律可循。本章将对各种固废制备泡沫混凝土的原理进行共性的探讨。

2.1 活性固废制备泡沫混凝土原理

活性固废之所以可以制备泡沫混凝土，是利用它的六大效应。其中，主要是利用它的活性效应所产生的胶凝作用，其次是利用它的形态效应、微集料效应、免疫效应来改善泡沫混凝土性能。

2.1.1 活性固废的活性效应

1. 隐性活性固废以及显性与隐性共存的活性固废

活性固废的主要特征及其被利用的价值，主要体现在它的活性效应及其产生的胶凝作用上。这一作用赋予了泡沫混凝土更高的强度。

活性固废依活性的显示方式不同，可分为隐性活性固废以及显性与隐性共存的活性废渣。

所谓的活性，是指物质的化学反应性能。

所谓的隐性活性，是指该物质在常温下不能直接参与化学反应，而必须在有激发剂、催化剂等成分的激发、催化作用下，才可以显示出化学反应的能力。

所谓的显性活性，是指该物质不需其他物质的激发与催化，可以直接参与化学反应的能力。

具体到活性固废，大多数均为隐性活性类型。典型的品种为粉煤灰、矿渣、炉渣、煅烧煤矸石和自燃煤矸石，煅烧废弃土、磷渣、铜渣，以及其他有色金属冶炼渣等。这类废渣在常温下的活性为隐潜的，并不显示，也就是说，它不能在短时间内与水反应产生胶凝物质。其活性（也称火山灰活性）必须在有石灰（氧化钙或氢氧化钙）及其他碱性激发剂的激发作用下，才能在常温下溶出其可溶性活性成分 SiO_2、Al_2O_3 等，与水发生二次反应，生成胶凝性物质（水化硅酸钙、水化铝酸钙等）。

活性固废中显性活性与隐性活性共存的品种，典型的主要为高钙粉煤灰、钢渣等。它们既含有可以直接水化的硅酸二钙，具有水硬性，可以直接与水发生反应，又含有活性 SiO_2 和 Al_2O_3，必须加入石灰或激发剂，才可以显示其水化活性。这种既具有水硬性又具有二次水化能力（火山灰效应）的特征，被称作显性活性（水硬性）与隐性活性（二次水化能力）共存。但这种类型的活性固废品种很少，不是活性固废原理的主体，应用也不广泛。

2. 隐性活性固废的活性效应

具有隐性活性的典型固废，主要有粉煤灰、矿渣、磷冶炼渣、铜及其他有色金属冶炼渣等。这些活性固废的产生都有共同的工艺特点：一是它们都是经过高温过程的；二是其产生这些固废的原始物料（煤或矿石）都含有以硅酸盐和铝酸盐为主要成分的黏土物质；三是其形成的活性物质都是富含活性 SiO_2 和活性 Al_2O_3 的玻璃体。

产生粉煤灰的原始物料是煤，产生其他活性固废的原始物料是各种矿石。煤中除碳外，还含有大量的黏土类（高岭土）矿物。而各种矿石（如铁矿石、磷矿石、铜矿石等），除含有目标成分（如铁、铜、磷等），也含有黏土类矿物。这些黏土类矿物在煤的燃烧或矿石的冶炼过程中，1000～1500℃的高温都将它们熔为熔体。然后，这些熔体在急冷工艺阶段，部分成分来不及形成晶体，而形成结构疏松的玻璃体。这些玻璃体的主要成分是无定形的 SiO_2 和 Al_2O_3。这些无定形 SiO_2 和 Al_2O_3 正是其活性的主要来源。

上述活性固废所含有的大量玻璃体，之所以可以为活性氧化硅及活性氧化铝的溶出提供较好的条件，是因为煤或矿石在从低温到高温的工艺过程中，煤或矿石经历了一系列脱碳、脱有机质、脱水、膨胀、热解、熔融、急冷等物理化学变化，生成的玻璃体存在很多的缺陷，形成了热力学不稳定结构。其玻璃体结构疏松、多孔、多缺陷，类似于海绵体。这种结构为水与水中溶解的碱性物质进入玻璃体提供了向其内部渗透的条件，增加了碱性物质激发的强度，扩大了水与活性硅铝的水化接触面积，提高了活性硅铝的溶出度。

活性固废中所富含的无定形 SiO_2 和 Al_2O_3 在常温下，本身不具有或只有很弱的胶凝性质。但它们在有水存在的情况下，与 CaO 化合将形成水硬性固体。这种性质被称为火山灰性质，也称活性固废的火山灰活性效应。这一效应的强弱程度及进展速度，受到外部环境的重要影响，即硬化浆体中孔隙溶液的碱度以及外部环境温度的影响。碱度和环境温度越高，其火山灰反应进行得越强烈和迅速。所以在常温下，即使有碱激发存在，火山灰反应进行得也较为缓慢，28d也远没达到材料结构与强度的稳定阶段。其反应可进行数月甚至更长的时间。

隐潜活性固废的活性效应，将对泡沫混凝土带来两大作用：一是水化反应产物的胶凝作用，二是低热作用。

3. 显性与隐性活性并存的活性固废的活性效应原理

这类固废的一个共性特征是形成这些固废的原材料不但含有 SiO_2 和 Al_2O_3，而且含有较高的 CaO，这种原材料在经历高温（1000～1300℃）工艺过程时，会发生硅钙反应，生成水泥成分硅酸二钙与硅酸三钙，同时，也会发生铝钙反应，产生铝酸盐水泥成分铝酸三钙。由于硅酸二钙、硅酸三钙、铝酸三钙等均有水硬作用，可以直接与水产生水化反应，而产生类同水泥的较强的胶凝作用。所以这种固废均可以在常温下进行水硬，且胶凝作用更快。典型的此类固废为钢渣、高钙粉煤灰等。煅烧黏土、煅烧煤矸石时，若加入石灰和萤石类矿化剂，在较高煅烧温度（大于1000℃）时，也会形成类似于高钙灰的带有一定显性水硬活性的产物。

但此类活性固废所含有的水硬成分硅酸二钙、硅酸三钙、铝酸三钙，往往含量较低，并不能成为其胶凝性的主体。其胶凝性主体仍是兼存的火山灰成分活性二氧化硅与活性三氧化二铝，其火山灰成分仍然占主体。所以，其活性及胶凝性是直接水硬作用与火山灰二次反应作用的叠加体。既有显性活性，又有隐潜性活性。总体来看，由于它们的水硬作用较弱，其胶凝作用并不比隐性活性固废有显著的差别，但因它们具有水硬性，水化速度稍快一些。

另外，此类活性固废由于含有 f-CaO，如果堆存消解时间短，会产生 f-CaO 的膨胀，给泡沫混凝土的稳定性带来不良影响。因此，采用此类固废，一定要选用自然堆放消解半年以上的陈渣。如果是新渣，要进行消解处理，否则不如其他活性废渣使用方便。

就活性效应及胶凝作用来衡量，这类固废仍为较为优异的固废品种，胶凝作用相对较好，可以赋予泡沫混凝土较高的强度。

2.1.2 活性固废的形态效应

在近几年的活性固废研究中，其形态效应日益受到重视，甚至超过对活性效应的重视程度。这在一定程度上纠正了许多人过分追求活性效应的偏颇。

之所以应该重视形态效应，是因为无论是按活性固废效应产生的顺序，或是对实际应用的影响，形态效应对硬化体的贡献都要大于活性效应。所以，形态效应必须是优先和重点考虑的活性固废“第一基本效应”。特别是相关标准规定普通混凝土和泡沫混凝土，按其28d龄期的强度来进行工程设计。活性固废的形态效应一般不是十分明显，而且弱于活性效应，这就导致形态效应往往被人们忽视。

活性固废的形态效应综合了从活性固废在混凝土（包括泡沫混凝土）中，从结构到功能的转换。在有序提高性能的前提下，可以清晰地观察到活性固废的减水、引水、保水、释水、润滑、减阻、解絮、塑化、增浆、减浆、浓化、黏聚、增密、减气、堵孔、调凝、促硬作用，以及较小坍落度损失，有助于泵送工艺，降低浇筑体内部温升，改善混凝土和泡沫混凝土外部修饰，有利于混凝土体积稳定性，保证硬化体质量的均匀性，大量节省水泥用量等一系列的正效应，其作用之广、之大、之深，绝非其他效应可比。

活性固废的形态效应的主要理论依据是颗粒学（粉体工程学）。它们之所以产生如此众多的功效，皆源自它的玻璃体材性。活性固废的基础是它的玻璃体。这一玻璃体一般在加工粉磨过程中，会变成大小不一的圆滑的坚硬微粒。即使这些材料加工得多么微细，也都具有滚珠似的形态。它们的这种形态类似于轴承里的滚珠，起到很大的润滑、减阻作用。当其进入混凝土和泡沫混凝土浆体中，就会产生减水、解聚、塑化、减气、堵孔、减小坍落度损失、增加浆体均匀度、缩短搅拌时间、促进泵送等一系列特殊功用。再者，玻璃体是经过高温脱碳、脱水、脱羟、脱有机物等产生的，这些脱去的物质留下了大量的孔隙，使玻璃体形成结构疏松的多孔形态。它们的这种形态又赋予它引水、保水、释水、增浆、浓化、黏聚、调凝，使浇筑体自我养护等一系列的功能。这些功能都不是活性效应能够取代的，反而可以促进活性的发挥，强化了活性作用。例如它的保水、释水作用，就有利于SiO_2和Al_2O_3两大活性成分的充分水化，延长水化时间，产生更多的水化产物。它的功能是全方位的，既有工艺性的，如提高泵送性和搅拌性，又有理化性的，如减水、增稠、促硬、调凝等。

活性固废的形态效应比较分散，不是特别集中，所以平常并不被人们看重。但它确实在发挥不可忽视的巨大作用。所以，我们切不可忽视。

2.1.3 活性固废的微集料效应

除活性效应以及形态效应之外，活性固废还有第三大效应——微集料效应。

活性固废微集料效应的概念来自“微混凝土”，即将水泥浆体中尚未水化的水泥颗粒内芯视为“微集料”。活性固废用于泡沫混凝土，大多采用的是加工后的细粉及超细粉，也可以产生类似于尚未水化的水泥颗粒内芯的“微集料”效应，且似乎其作用比尚未水化的水泥颗粒内芯更胜一筹。近年，大量对超细（比表面积大于 $700m^2/kg$）活性固废用于泡沫混凝土的研究发现，如果超细微粉能有一定的级配，那么，它的微集料效应能够发挥类似于硅灰又有不同于硅灰的效应优势。其不同点在于活性固废的微集料效应构成粉料中水泥颗粒的连续级配。这显然与硅灰所产生的超细填充材料以及出现的成团现象有所区别。

人们对水泥及混凝土微集料的认识，均源自上述未水化水泥颗粒芯核。研究发现，未水化的水泥芯核，不仅其强度比水泥水化产物 C-S-H 凝胶的强度高得多，而且它与凝胶的结合特别牢固，成为凝胶的微骨架，提高了凝胶的力学性能。微集料实际起到了提高硬化体强度和改善其性能的作用。但是，未水化颗粒的数量满足不了凝胶微骨架的需求，如果外加一些微集料与未水化水泥芯核共同作为凝胶的微骨架，则水泥混凝土的强度就会提升。高细活性固废和超细活性固废作为水泥混凝土的微集料，是微观混凝土科学的一大成果。

（1）活性固废的玻璃体微粒的形态特征和特性，适宜用作微集料，特别是 10μm 以下的颗粒，其微集料作用（所谓超细颗粒作用），类似于硅的冷凝雾尘（硅灰），而其减水润滑作用却是硅灰无法相比的。同时，活性固废的玻璃体微粒的强度较高，也可起到使水泥浆体增强的作用。

（2）活性固废玻璃体微粒分散于硬化水泥浆体中，与水泥浆体牢固结合，养护时间越长越密实。有关玻璃体微粒和水泥浆体界面处显微硬度试验表明，在界面处，活性固废玻璃体微粒所形成的水化凝胶的纤维硬度大于水泥凝胶的显微硬度值。粉煤灰粉磨以及其他活性固废的超细粉磨并用于水泥微集料时，都会产生这种效应。上述特征由于活性固废的水化较慢，需要的养护时间较长。在硬化早期，甚至 28d 龄期，由于活性固废微粒表面有水膜存在，它与水泥浆体的黏结是不够良好的。水膜层随养护时间的增长，水化产物的网络被逐渐填充致密时，黏结力最终得到很好的加强，微集料效应明显。

（3）从掺活性固废的水泥浆体的基相整体来看，微集料效应不仅体现在充当水化凝胶的微骨架，也体现在它对水泥硬化体的密实填充。这一填充体现在活性固废微细颗粒对毛细孔隙的细化微填充和致密。这种细化微填充和致密，使泡沫混凝土的气孔壁密实度大幅提高，承载能力增强，泡沫混凝土的力学性能得到改善，在不加大水泥用量的情况下，泡沫混凝土的抗渗性、抗冻性、抗压强度都有所提高。

2.1.4 固废的免疫效应

所谓免疫效应，就是减少或避免混凝土或泡沫混凝土病害产生的一种特殊效应。免疫效应实际是前述几大效应的综合效能扩展。

无论是常规混凝土还是泡沫混凝土，在成型后的硬化阶段以及以后的长期服役阶段，都有可能产生或多或少或轻或重的病害。这些病害包括体积的不安定，各种腐蚀、强度的丧失、表面的粉化等。如何避免或减少混凝土或泡沫混凝土的病害，对保证产品及工程质量至关重要。

由于泡沫混凝土的多孔性、高绝热性，更容易产生病害，其免疫比普通混凝土更为迫切。所以活性固废的免疫效应对泡沫混凝土有着重要的意义。

1. 免疫效应之一：防止水化热集中造成的热裂

泡沫混凝土为轻质保温材料，具有良好的绝热性能。它在建筑上的应用是其最大的优点和功效。但是从工艺性能方面来看，这却给它带来了缺陷，那就是当泡沫混凝土浇筑体积较大时，浇筑体在硬化后及硬化后期，由于水化热散发困难，造成水化热比普通混凝土更容易集中。尤其在浇筑体的中心部位，大量水化热由于泡沫混凝土的绝热性，温升可达到80℃以上，而浇筑体的表面仍然接近常温。这种内外的巨大温差，最终导致浇筑体硬化后期开裂，甚至崩溃。笔者曾指导天津中安公司生产泡沫混凝土机场跑道阻滞材料，由于浇筑尺寸大且全部以水泥为原料，水化热较高，产品出现了热裂，不少产品报废。后来，我们在配比中加入Ⅱ级粉煤灰，产品不再热裂，安定性良好，体积始终保持稳定。这也证明，活性固废确实可以对混凝土免疫，解决其水化热集中十分有效，浇筑体积越大，就越要多加粉煤灰。

2. 免疫效应之二：降低碳化程度

碳化是所有混凝土共同面临的问题，只是程度不同而已。完全不碳化的混凝土几乎没有。但是，泡沫混凝土的碳化比普通混凝土更加明显和突出。在前些年生产泡沫混凝土保温板的高潮时期，许多产品表面在其养护期及堆存期都出现过粉化现象，尤其是以快硬硫铝酸盐水泥为主料时更为突出。因为，快硬硫铝酸盐水泥本来就抗碳化性较差，再加上泡沫混凝土多孔，特别是有些产品连通孔较多，为 CO_2 进入产品深层提供了更多的通道，所以碳化问题更为突出，有的产品表面粉化得已经无法使用。后来，我们还是找到了免疫的方法，给泡沫混凝土吃了“免疫药”——粉煤灰、矿渣微粉、钢渣粉等，微料堵塞了毛细孔，阻止 CO_2 的侵入，使碳化问题基本得以解决。

3. 免疫效应之三：降低吸水率

泡沫混凝土技术要求吸水率应控制在10%以下，但在实际生产中，能达到这一技术要求的不多。由于泡沫混凝土既有毛细孔，又有连通孔及破孔，导致其吸水率远大于普通混凝土。现在，一般的泡沫混凝土吸水率实际上都大于20%。连通孔高的达到30%以上。吸水率的增大，不仅弱化了保温隔热性，而且有些有害物质融入水中，也随水浸入泡沫混凝土，增大了其腐蚀性。所以，如何解决泡沫混凝土吸水率高的问题是十分重要的。这是提高泡沫混凝土使用寿命的关键技术之一。

大量实际生产经验及实验室证明，在泡沫混凝土中加入超细活性固废，可以有效地降低其吸水率，能够将吸水率控制在10%以下。其原因是超细活性固废不仅以其大量水化产物封堵了连通孔，也以自身的超细颗粒效应细化了毛细孔，减少并弱化了毛细作用，降低了连通孔的危害。当然，这还要配合一些其他技术手段，如采用高稳定性的泡沫剂，加强产品的后期养护等。但活性固废的作用不可低估，仍发挥着关键作用。

2.2 惰性固废泡沫混凝土制备原理

惰性固废既不具备常温活性，也不具备轻质效应，但它同样可以用于制备泡沫混凝土。其基本原理如下：一是它大多具有水热效应，可以形成性能优异的硅酸盐；二是它具有集料及微集料效应，可以增强泡沫混凝土；三是它的热解效应，通过热解可以生成胶凝材料。下面，对这三大原理予以简述。

2.2.1 富硅固废的水热效应原理

很多惰性固废都富含硅铝，尤其是富硅。其含硅量可达90%，一般也在40%~80%之间。这中间的典型品种有金尾矿、铁尾矿、铜尾矿、石英尾矿等。这些固废虽然本身在常温下不具备活性，没有胶凝性，但在高温高压、饱和蒸汽状态下，可以形成高凝结力的硅酸盐和铝酸盐，而且产品性能更为稳定。

硅是自然界中最为常见的一种元素，在宇宙中的储量占第八位，在地壳中是仅次于氧的第二丰富元素，占地壳总质量的26.4%。它常以复杂的硅酸盐或二氧化硅的形式，广泛存在于岩石、砂砾、泥土之中，是构成各种矿物的主要成分之一。也正因如此，各种尾矿、渣土、建筑垃圾等固废，甚至大多数活性固废，都含有大量的SiO_2。而这正是可以利用这些固废通过水热反应生产性能稳定的产品的基础。富含硅铝的原材料与富含钙质的原材料（生石灰或熟石灰）混合后，通过蒸压工艺，进行硅-钙和硅铝-钙等一系列水热条件下的水化反应，生成水化硅酸盐、五水化铝酸盐等，将混凝土中各固体颗粒胶凝为牢固的整体结构。这一合成新的水化产物的过程，被人们称为水热合成。因其产物以硅酸盐为主，所以，人们大多把其产品称为硅酸盐制品。常见的水热合成产品有加气混凝土、硅酸盐蒸压砖及砌块等。

硅酸盐泡沫混凝土产品的水热反应，本质上是石灰的水化产物——$Ca(OH)_2$或水泥中的硅酸三钙、硅酸二钙水化时析出的C-S-H凝胶和$Ca(OH)_2$，与硅质材料中的SiO_2、Al_2O_3以及水之间的化合反应。当原料中加入石膏（主要成分为$CaSO_4$）时，石膏中的$CaSO_4$也参与反应。其水化生成物主要有水化硅酸钙、托贝莫来石、水化硫铝酸钙（包括单硫型与三硫型）、水石榴石。其中，托贝莫来石十分重要。它虽然比水化硅酸钙的强度低，但在它细小的晶体C-S-H中掺入一些托贝莫来石时，其强度会提高近一倍，且干燥收缩值低，大大提高了凝胶体的强度和性能。

利用富硅固废的这种水热效应原理，可以使很多惰性固废及活性固废采用蒸压工艺，生产泡沫混凝土制品，如泡沫混凝土蒸压砖、泡沫混凝土蒸压砌块、泡沫混凝土墙板、泡沫混凝土仿洞石制品等。目前，这一工艺已是惰性及活性固废生产泡沫混凝土制品的主要工艺之一。经常采用的惰性固废有各种尾矿、建筑垃圾、废瓷粉及石粉、废砂土等。一些活性固废如粉煤灰、矿渣、钢渣、自燃矸石、废火山渣、废珍珠岩粉、各种有色金属冶炼渣等，也都开始采用这种工艺原理生产泡沫混凝土制品。也可以说，水热合成是各种固废生产泡沫混凝土制品最主要的工艺措施。

2.2.2 集料及微集料效应

惰性固废能用于泡沫混凝土，除了上述热效应原理之外，最重要的就是其集料及微集料效应。目前，大部分惰性固废用于泡沫混凝土，都是利用它的集料及微集料效应。虽然集料及微集料效应的作用不很强大，掺量较低，但由于利用这种效应工艺简单，方便易行，使用成本较低，所以仍被广泛采用。应该说，在惰性固废的诸多效应中，应用最经常和普遍的，还要数集料及微集料效应。

1. 集料效应

集料效应就是利用惰性固废的细颗粒（一般为0.5～2mm），作为泡沫混凝土的细集料，代替细砂使用，节约了自然砂和人造砂，也可降低生产成本，并减少对天然砂的开采，有利于保护自然资源和环境。

在泡沫混凝土高密度（干密度为600～1200kg/m^3）制品的生产中，往往需要加入一定量的细集料河砂或山砂。一般的加入量为每1m^{3}浆体100～500kg。如生产自然养护的泡沫混凝土自保温砌块、泡沫混凝土砖、泡沫混凝土装饰构件等都有加砂的工艺特点。众所周知，在泡沫混凝土从国外传入我国之初，泡沫混凝土是不加集料的，包括轻集料和重集料，也没有加砂的先例。所以，泡沫混凝土因无集料抵制干缩，使之干缩较大，由干缩引起的裂纹比较常见。我国在实践中逐渐摸索出在泡沫混凝土中加入集料抑制干缩的方法。目前轻集料在泡沫混凝土中的应用已十分有效，且不增加密度。相对而言，重集料如碎石、砂子等，由于其粒度大，泡沫混凝土中添加较少。因为重集料尤其是碎石，由于密度大于泡沫混凝土浆体，下沉严重，容易引起浆体分层，造成较大的密度差，且下沉后的重集料会压迫浆体下部的气泡，造成消泡和塌模。后来，经过反复的探索，人们发现虽然碎石等粗集料不能在泡沫混凝土中应用，但细集料中的中细砂可以在浆体密度较大（>600kg/m^3）的浆体中获得应用，当然还要配合一定的技术措施，如减小水灰比，使用防沉降的增稠剂等。近些年，这一成果获得推广，使中细砂在中高密度泡沫混凝土中的应用比较普遍，较好地解决了产品干缩开裂问题。

我国的许多惰性固废粉碎后的颗粒比较坚硬，如建筑垃圾、矿山剥离石等。更有大多数尾矿本身就是细颗粒，如铁尾矿、石英尾矿等。它们均可以直接代替砂在泡沫混凝土中作为细集料使用。近年来，由于天然砂的禁采和砂资源的日益贫乏，泡沫混凝土已开始采用一些固废细粉或细砂来代替天然砂使用，起到了一定的作用。这一趋势将日益明显和强化，并在一定程度上促进惰性固废在泡沫混凝土中的应用。

2. 微集料效应

上述惰性固废砂、粉作为集料的应用，主要是代替砂作为集料在泡沫混凝土的宏观结构发挥的效应。实际上，如果把这些惰性固废再加以超细粉磨至比表面积大于400m^2/kg，成为超细粉，再加入泡沫混凝土后，也可以发挥微集料效应，对泡沫混凝土从微观结构上加以加固。虽然它没有活性，作用稍逊色于活性超细粉，但它主要是发挥类似水泥未水化颗粒芯材的作用，没有活性，也依然会成为凝胶体依附的骨架和胶核，增大其活性。从近些年的生产实践验证可以看出，在泡沫混凝土中加入适量（小于30%）的超细粉状尾矿（石英尾矿、金尾矿、铜尾矿等），泡沫混凝土的力学性能均略有提高（超量加入则会引起强度的较大下降）。所以，掌握好加量和添加方式（配合增稠剂、促凝剂），惰性固废超细粉是可以发挥微集料效应，从而在泡沫混凝土中添加的。笔者曾将其应用于浆体密度低至300kg/m^3（干密度约为200kg/m^3）的泡沫混凝土中，也没有引起重力沉降，使用效果良好。这说明惰性固废超细粉不但可用于中高密度泡沫混凝土，也可用于超低密度泡沫混凝土。

2.3　提高固废掺量的关键技术

固废能否在泡沫混凝土中应用，其掺用量能达到多大，取决于我们对它的处理及技术措施。没有科学且正确地利用技术，它就是有害的废弃物，若采用先进的有针对性的有效技术措施，它就能化害为利，为我所用，产生有益的功效。所以，下面介绍一下提高固废在泡沫混凝土掺量的几项关键技术。利用好这些技术，再结合具体的产品和固废品种，配合具体的生产工艺，就可以实现更高掺量固废的泡沫混凝土的生产。

2.3.1　活性工业固废的活化技术

在各种固废中，活性固废无疑是最具应用价值、应用最为普遍的品种。就目前的实际应用量来看，活性固废用量最大，占各种废弃物总用量的70%以上。它之所以应用如此广泛，就是因为它含有可以产生胶凝物质的活性硅、铝等成分。

那么，决定活性固废用量大小的关键，就在于如何激发它的隐性活性成为显性活性，让它的隐性活性能够最大限度地发挥出来。它的活性激发得越彻底，其用量也就越大，效果也就越好。

通常情况下，它的活性激发技术分为物理激发与化学激发两种。下面对这两种激发方法予以分述。一般情况下，两种激发方法联合使用，效果才会更好。

1. 物理激发技术

物理激发简单易实施，激发成本低，但与化学激发相比，效果差一些。所以，它一般被用作活性激发的辅助手段，配合化学激发使用。当不要求更好的激发效果时，也可单独使用。

所谓活性固废的物理激发，就是采用轮碾、粉磨等机械手段来处理固废，提高其细度，增大其颗粒的比表面积，并使之暴露出更多新的表面来增大其与水分和激发剂接触反应的面积，以产生更充分的水化反应。同时，也通过机械作用，将其表面破坏，使其表面产生更多的缺陷与裂纹，使水和外加剂能更深地向其颗粒内部渗透，提高其水化反应的广度及深度，产生更多的水化产物。

（1）超细粉磨

超细粉磨是各种活性固废进行物理活化最主要的技术手段。经过超细粉磨，活性固废的活性可提高10%以上。

超细粉磨就是将活性固废粉磨至比表面积达到400m^2/kg以上。水泥的比表面积为300～350m^2/kg，也就是说，活性固废的粉磨细度远比粉煤灰更细微。

专家们几十年的研究已表明，各种活性固废，无论是粉煤灰、矿渣、钢渣，还是烧废土、烧化学石膏，都有一个共同特点，那就是它们显示的活性与其细度相关。其比表面积越大，粒度越小，活性就越好。这是因为粒度超细后，原来的一个颗粒变成了几个、几十个、几百个小颗粒，比表面积新增加很多倍，也就是与水及激发剂反应的面积也扩大了很多倍。这样，其水化反应也就更彻底，水化生成物也会提高很多倍。

所以，活性固废从理论上说，应该是粉磨越细越好，越细其在泡沫混凝土的掺量就越大。根据经验，比表面积达到500m^2/kg的固废，其在泡沫混凝土中的掺量比那些比表面积350m^2/kg细度的固废至少要提高20%。相同的掺量时，高比表面积与低比表面积相比，增强效果也会高出5%以上。但是，过细的粉磨，能耗过高，反而不经济，没有必要。所以，超细粉磨要适可而止。一般情况下，超细粉磨大多控制比表面积为400～500m^2/kg。这样既保持了活性固废的活性激发，也考虑到其经济性。

（2）轮碾活化

轮碾是将活性固废加入活化剂及其他辅料，放到轮碾机上，进行一定时间的轮碾。物料在碾盘与碾轮之间的相对滑动及碾轮的重力作用下被混合、揉搓、研磨、压碎、塑化。轮碾越重，尺寸越大，粉碎力越强，活化作用也越好。它主要采用压力和剪切力，使各种物料强制式接触、揉合、粉碎，使之被粉碎得更细，产生更大的比表面积，表面更粗糙，各物料尤其是活化剂与活性固废接触机会更多、更充分，因而活化效果更好。经过轮碾活化，其活性明显提高。一般来讲，轮碾适合废渣砖、粉煤灰砖等半干物料的活化处理。轮碾后的物料还要保湿堆存几小时至十几小时继续进行化学活化反应。

轮碾的活化方法适合于物理活化与化学活化相结合的活化方式。

（3）热处理活化

热处理活化也适用于物理活化与化学活化相结合的活化方法。

热处理活化是采用热刺激增大活化效果的方法。它利用的是水热激发的活化原理，在有水和激发剂存在的情况下，温度越高，激发剂与活性固废中的活性硅铝成分反应进行得越快越充分，产生的水化物也越多。

热处理活化的具体做法是：在活性固废中加入活性激发剂和少量水，配成半干料，然后造粒。将颗粒状（陶粒形）的造型体送入蒸养窑或蒸养釜进行数小时的热处理（蒸压或蒸养），然后出料、烘干、粉磨，成为具有更高活性的固废。

热处理活化后，活性固废可以由低活性转变为高活性，成为优质的活性材料，用途更广，价值更高。

2. 化学激发技术

活性固废的化学激发技术，是最常用的一种活化技术。与物理激发技术相比，它的优点是效果更明显、更突出，也更直接，但它的缺点也更突出，那就是它由于需要采用激发剂，活化的成本比较高，不够经济。所以，在很多情况下，企业考虑到生产成本，不愿采用化学激发，笔者认为这种认识比较片面。表面上看，它采用了化学激发活化剂，增加了产品成本。然而，考虑到它对产品的性能提高幅度较大，增加了产品的附加值，且降低了水泥用量，也可以提高效益。综合考量，其实化学活化还是划算的，不仅环保，也会产生良好的经济效益。

化学活化的具体做法是在使用粉体活性固化物时，同时配套加入活性固废量1%～4%的活性激发剂。活性激发剂一般应使用复合型产品，单一成分的效果不太好。华泰公司针对活性固废的活化，于近年研发了一款复合高效活化剂YN-Ⅱ型，经多年的实际生产应用，活化效果比较好，被不少企业所采用。

化学活化方法最好能与物理活化方法配合使用，两者效果叠加，比单用效果更好。也就是说，在固废加入化学激发剂后，经混合粉磨或轮碾，化学激发的效能会发挥得更加充分，活性更好。

2.3.2 惰性固废的煅烧活化技术

惰性固废的品种和存量远远多于活性固废。活性固废毕竟只有几十种，惰性固废有几百种。这些固废若不激发活化，不能更好地获得资源化利用，或利用率很低。像化学石膏，它的存量很大，但由于它在原状二水的情况下，我们基本找不到它在建材方面的用途，最多代替土修筑路基。但我们若将其煅烧成半水熟石膏，就可代替建筑石膏生产高附加值的石膏砌块或纸面石膏板。所以，要使很多惰性固废能够成为可利用的宝贵资源，就要对其进行煅烧活化处理，使它具有与水反应的活性，产生胶凝。

焙烧、煅烧是一部分惰性固废实现资源化利用的最重要的技术手段，不可或缺。

焙烧、煅烧活化惰性固废的基本原理，就是使其高温热分解产生活性成分。下面分别介绍几种惰性固废的焙烧、煅烧活化的原理及应用。

1. 废弃工程黏土的煅烧活化

各种以硅铝为主要成分的黏土，都可以经过煅烧成为活性煅烧黏土，具有水化胶凝作用。近些年，随着我国基础设施工程规模的加大，工程废弃土的排放量与日俱增。若要使其高附加值得以利用，高温煅烧是一个重要的手段。其在高温 550℃ 煅烧时，主要矿物成分伊利石分解失去结构水，晶体结构被破坏，形成高活性的 SiO_2 和 Al_2O_3（偏高岭土），活性类似于粉煤灰。从原来不具有活性到现在就有了较高活性，煅烧黏土在水泥中掺量达 10% ~30%，基本不会降低水泥的强度。常用作水泥混合材料和混凝土的掺和料，扩大了它的用途。

2. 煤矸石的煅烧活化

我国煤矸石累积存量已达 12 亿 t，每年还在以大约 1 亿 t 的速度继续增加。所以煤矸石也属于大宗固废。它之所以利用率低，主要原因就在于它没有活性，又含有 20% ~30% 的碳，所以，很难找到它的用途。但如果将它煅烧，燃去它的碳，再将它剩余的 70% ~80% 的黏土质硅铝成分激活，就可以使它产生类似于煅烧黏土的活性，用于水泥混合材料和混凝土掺和料。所以，低温（650 ~800℃）煅烧是煤矸石得以综合利用的前提条件。其煅烧产生活性硅铝（偏高岭土）的原理见式（2-1）、式（2-2）。

$$Al_2O_3 \cdot 2SiO_2 \cdot 2H_2O \longrightarrow Al_2O_3 \cdot 2SiO_2 + 2H_2O \tag{2-1}$$

（结晶态高岭土）　　　　（偏高岭石非晶态）

$$Al_2O_3 \cdot 2SiO_2 \longrightarrow Al_2O_3 + 2SiO_2 \tag{2-2}$$

（偏高岭石）　　　　（非晶态）（非晶态）

煤矸石中的硅铝质高岭石，是有序的晶体结构，没有活性。将其煅烧后，晶体结构被破坏，转化成非晶体的偏高岭石，就有了较高的反应活性，可以再分解为非晶态的高活性硅和铝，就能够大量应用于混凝土掺和料。

3. 化学石膏的焙烧活化

各种化学石膏如磷石膏、脱硫石膏、钛白石膏、盐石膏、苏打石膏、黄石膏、乳石膏等，由于是以二水化合物形态存在，均不能被用作建筑材料。因为它没有活性，不会产生胶凝。要想大量利用，关键技术也是焙烧，脱去其一个半的结晶水，使其成为可以胶凝的半水石膏，就能够将其用于各种建筑材料的生产。

各种石膏脱水焙烧反应如式（2-3）。

$$CaSO_4 \cdot 2H_2O \xrightarrow{107 \sim 170℃} CaSO_4 \cdot 1/2H_2O + 3/2H_2O \tag{2-3}$$

（二水石膏）　　　　（半水石膏）

原状化学石膏，无论是何品种，其主要成分均是二水石膏（$CaSO_4 \cdot 2H_2O$），因它含有2个结晶水。但经过焙烧之后，它就产生半水石膏（$CaSO_4 \cdot 1/2H_2O$）从而具有了活性。所以，化学石膏应用的前提也是焙烧。

若想进一步提高化学石膏的附加值，扩大它的应用范围，我们可以继续提高它的煅烧温度到750～800℃。在这一温度下，二水石膏的2个结晶水全部被脱去，成为具有活性的无水石膏，其反应式如式（2-4）。

$$CaSO_4 \cdot 2H_2O \xrightarrow{750 \sim 800℃} CaSO_4 + 2H_2O \tag{2-4}$$

（二水石膏）　　　　（无水石膏）

无水石膏是粉煤灰等活性固废良好的激发剂，可作为激发剂广泛使用。它可以较好地激发各种活性固废的活性，扩大了它的用途。在泡沫混凝土生产中，它可以作为外加剂使用。

4. 白云石与蛇纹石尾矿的煅烧活化

白云石与蛇纹石尾矿，在一般情况下是非活性的，所以很难被建筑材料大量利用，也需要煅烧处理。煅烧可以使其中含有的大量碳酸镁分解出氧化镁（镁水泥），产生胶凝活性，就可以用作镁水泥的掺和料，用量可达30%～60%。其煅烧分解的化学方程式如式（2-5）。

$$MgCO_3 = MgO + CO_2 \tag{2-5}$$

其不含水品的分解温度为560～750℃，含水品的分解温度为300～450℃。煅烧后将其粉磨至200目左右，就是镁水泥的优质掺和料，常用于镁水泥泡沫混凝土。

5. 油页岩渣的煅烧活化

我国利用油页岩生产石油，排放大量的页岩渣。1t页岩产油只有3%～5%，而剩余的95%～97%都成为废油渣排放。废页岩渣的成分类似于黏土，以硅、铝、铁为主。它在低温煅烧时，可分解为偏高岭土而产生活性（具体见前述烧黏土）。而将其在1100～1200℃时加入少量石灰石、砂子共同煅烧后，会形成水泥的活性成分硅酸二钙，成为混凝土优质的掺和料。若不煅烧处理则没有活性，不能利用。

利用煅烧，使固废激活的，还有很多品种，这里仅列举以上数例，而非全部。从上述各例可以看出，焙烧和煅烧应是使固废活化的一项重要技术。

2.3.3 高硅固废产品的蒸压技术

含有$SiO_2$60%以上的固废如金尾矿、铜尾矿、页岩渣、铁尾矿等惰性尾矿，和铝总含量大于70%的活性废渣，如矿渣、粉煤灰、煅烧煤矸石、磷渣等，都可以采用蒸压技术，生产泡沫混凝土产品。蒸压是固废生产泡沫混凝土制品的主要技术手段。这种工艺的特点有四个：一是物料可以是具有活性的，也可以是惰性的。凡高硅固废均可用作原料，适用的固废范围最广，适用于绝大多数固废；二是固废利用率高，各种固废的应用总量可达80%以上，是固废利用率最高的工艺；三是产品的性能好，不但强度高，而且耐久性好；四是成本低。它的水泥用量仅为10%～20%，水泥泡沫混凝土的水泥用量则为100%。由于水泥用量小，所以其生产成本降低了35%～40%。

蒸压工艺所生产的是泡沫硅酸盐混凝土，而不是常规的泡沫混凝土。它的产品强度来源不是以水泥水化产物为主，而是以硅钙反应产物（硅酸盐）为主。这是两者的根本性区别。

蒸压工艺的核心是硅质材料（二氧化硅）与钙质材料（石灰），在高温、高湿、高压的水热处理过程中，所生成的一系列水化产物如水化硅酸钙、托贝莫来石、硬硅钙石等，由于它参与反应的主要成分是二氧化硅，所以，凡是硅含量高的固废，均可以作为原材料应用。

根据所用材料的不同，固废蒸压工艺生产制品有三个技术工艺体系：水泥-石灰-粉煤灰蒸压工艺体系，水泥-石灰-尾矿蒸压工艺体系，水泥-矿渣-尾矿技术工艺体系。当然，根据不同的固废品种，也可设计新的技术工艺体系。

在蒸压工艺中，固废占60% ~70%，其中水泥10% ~20%，石灰（可用电石渣代替）15% ~20%，也可加入碱渣、赤泥等固废。

固废泡沫混凝土的蒸压工艺借鉴并参考了加气混凝土的工艺原理。它与加气混凝土相比，不使用铝粉发气。这种工艺的主要优点为：一是工艺更简单、更易控制，生产条件要求较低；二是所形成的材料气孔结构比加气混凝土更优异，孔径更细小；三是产品性能优于加气混凝土。

目前，蒸压工艺主要用于固废泡沫混凝土砌块和墙板的生产。

2.3.4 锯末、秸秆粉的处理技术

锯末、秸秆、籽壳等农作物固废，在泡沫混凝土中也经常使用，但用量均较小，一般仅占总用量比的5% ~10%。因为，这些植物固废进入水泥浆后，会将其纤维素及糖分溶入水中，成为水泥缓凝剂，使水泥长时间不凝结。当加量特别大时，水泥就不硬化，给生产带来了困难。因为，纤维素及糖分对水泥的水化产生了阻碍，使之水化延迟。这一缺陷，大大地限制了植物类固废在泡沫混凝土中用量的提高。

所以，要提高植物类固废在泡沫混凝土中的用量，就要对其粉体或短纤维进行改性预处理，或进行封闭预处理。改性预处理就是在其粉体或纤维中加入改性剂，降低纤维素或糖分的缓凝性。封闭预处理就是采用封闭剂，对其表面进行封闭，降低和阻止纤维素和糖分的浸出。处理后，可使植物类固废的使用率达到15% ~30%。

2.4 泡沫混凝土的技术原理

2.4.1 泡沫混凝土的应用优势

泡沫混凝土作为一种人造轻质多孔特殊混凝土，是加气混凝土的姊妹材料。近二十年来，泡沫混凝土在我国迅猛发展，其远远超过加气混凝土、泡沫玻璃、泡沫陶瓷等其他轻质多孔材料的发展速度。泡沫混凝土之所以发展如此之快，就在于它有其他人造轻质多孔材料所不具备的优点。具体优点如下：

1. 既可以工厂化生产制品，更可以现浇施工

泡沫混凝土最大的优点就在于它不但可以工厂化生产制品，而且可

以现浇施工。现浇施工已成为其主要生产方式，产量占其总产量的70%。目前，泡沫混凝土现浇技术已经广泛推广应用在有公路路基回填、工程地基回填、地铁回填、地下管廊回填、采空区回填，屋面保温层现浇、地暖绝热层现浇、地面垫层现浇等20多个领域。

2. 可以生产超轻产品

泡沫混凝土产品主导干密度为200～500kg/m^3，约占总产量的80%。这种产品以超轻减荷、高保温为主要特点。而加气等其他人造轻质多孔材料密度相对较大。如加气混凝土的主导干密度为600～800kg/m^3。所以泡沫混凝土可实现建筑自保温，加气混凝土则无法达到。

3. 用途广

泡沫混凝土目前已用于工程回填、建筑保温、机场阻滞、管道保温、隔声屏障、抗电磁波墙体等40多个应用领域，几乎涉及国民经济的各大方面。加气混凝土由于其生产工艺及性能的局限，难以有如此广泛的用途。

4. 投资小，易实施推广

泡沫混凝土大多采用现浇，一套现浇机的价格仅几万元至几十万元不等。即使大型回填（班产500～1000m^3）的全套设备也仅100万元左右。而加气混凝土、泡沫玻璃等的生产线需要投资几千万元甚至上亿元。泡沫混凝土即使投资最大的自保温砌块生产线，一套设备也仅几百万元。所以，泡沫混凝土便于实施推广。

5. 低能耗、低排放

以现浇施工为主的泡沫混凝土，不需蒸压，不需烧结与高温，绝大多数为常温生产（除蒸压泡沫混凝土砖和砌块外），所以泡沫混凝土有低能耗、无污染排放的优点。

6. 利废品种广，易于利废

泡沫混凝土可以利用多数活性及惰性固废生产。目前，已经用于泡沫混凝土的固废已达几十种，对固废限制性较少，更有利于绿色化、低水泥、低成本生产，不像加气混凝土对固废过于挑剔。

2.4.2 物理发泡成孔工艺原理

泡沫混凝土以在水泥混凝土中形成大量微孔为主要技术特征，形成这些微孔的工艺分为物理发泡成孔与化学发泡成孔两种形式。其中，化学发泡成孔由于不能用于现浇工程，工艺条件要求苛刻，应用范围受限。目前，泡沫混凝土基本上以物理发泡成孔工艺为主、化学发泡成孔工艺为辅。

从20世纪20年代初期泡沫混凝土自北欧产生之初，就是采用的物理发泡成孔工艺，直到近几十年化学发泡工艺的出现并少量应用，物理发泡成孔工艺仍然兴盛，百年不衰。

所谓物理发泡成孔工艺，就是采用可以降低水的表面张力的表面活性物质溶液作为发泡剂，通过高压空气的物理作用，将发泡剂制备成泡沫，再将预制的泡沫与水泥料浆混合，经浇筑成型和养护，使泡沫在水泥混凝土硬化体中形成气孔。

物理发泡成孔工艺包括四个工艺要素：泡沫剂及其水溶液的制备、泡沫的预制、泡沫与水泥料浆的混合与浇筑成型、泡沫被水泥水化产物固定成孔。

1. 气泡产生原理及泡沫剂

泡沫剂是一种具有超高起泡能力和泡沫稳定性的一类表面活性剂的混合物。它是产生泡沫的物质基础。

泡沫是多个气泡的聚集体。泡沫的形成，先是形成单个气泡，再由稳定的单个气泡组成泡沫。纯水中即使进入大量的空气，也不会形成泡沫。因为纯水的表面张力很高，空气分子不能克服水分子间的吸引力而形成强大的表面张力，无法脱离液面并被液膜包围而形成气泡。形成气泡的先决条件就是用表面活性剂降低水的表面张力，让空气分子能够从水中上升并顺利离开液面，被水膜包围，形成气泡。气泡的本质就是液膜包围一定量的空气所形成的球体。气泡也可以说是水泡。液膜破裂，空气从气泡中逸散，气泡就会消失（俗称消泡）。

空气在表面活性剂（发泡剂的主要成分）的作用下，离开液面并形成气泡的原理如图 2-1 所示。

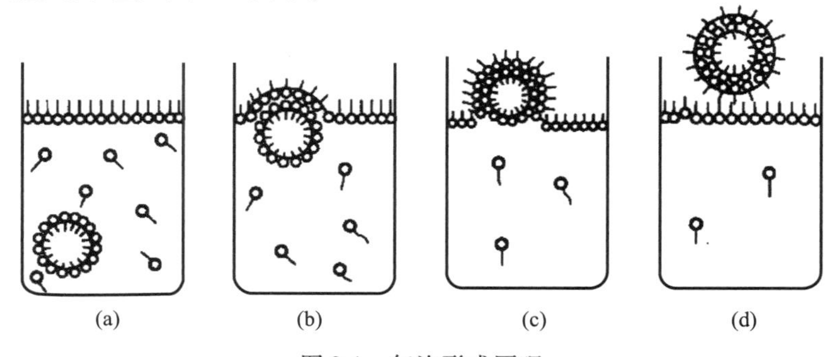

图 2-1　气泡形成原理

原状的泡沫剂以表面活性剂为主要成分，外加稳泡剂、增泡剂、匀泡剂等各种辅助成分。由于它的浓度太大，不能直接使用。所以，在泡沫制备时（发泡时），需要将泡沫剂加水稀释为30～100倍的稀释液。稀释倍数过大或过小都会影响发泡效果。在生产中，实际应用的均是发泡剂的稀释水溶液。泡沫剂稀释液（水溶液）的实质就是向水中加入表面活性剂，形成表面张力很低的水溶液，只有这样的水溶液才可以在空气作用下产生气泡。

2. 泡沫制备

单有泡沫剂也是不能形成泡沫的。泡沫剂要想形成泡沫，还有赖于另一个技术因素——物理机械作用力。利用机械（发泡机）的作用力，把空气分散到泡沫剂水溶液中，让低表面张力的液膜包覆空气，才可以形成泡沫。发泡的过程，也就是机械力把空气分散到泡沫剂水溶液中的过程。其对空气分散得越均匀、越细微，液膜越容易将空气包围形成气泡。这一机械力必须合适，过大过小都形不成气泡。机械力过小，空气无法分散到泡沫剂水溶液中。机械力过大，会把液滴打散，无法形成包围空气的液膜。

工业发泡的工艺原理与吹肥皂泡泡有相同之处。肥皂实质上也是一种阴离子表面活性剂。把肥皂溶入水中，形成了表面张力很低的肥皂水（发泡剂水溶液）。吹泡泡的过程，也就是向肥皂水中分散空气的过程，嘴的吹力就是分散空气的作用力，此时的嘴巴就相当于发泡机。

工业发泡与吹气泡的最大不同，就在于小孩吹出的气泡太大，液膜过厚，气泡不稳定，很快就会灭泡。而工业发泡产生的气泡细小（微米级或毫米级）、稳定、均匀一致，可以在空气中稳定存在至少几十分钟，甚至几小时、几天，最长的达一年。

要制备出满足工业需求的超高稳定的泡沫，有三大技术前提。一是泡沫剂所选用的表面活性剂，其分子之间的排列必须整齐致密，不易被破坏；二是稳泡成分必须为泡沫剂溶液增加黏性，使液膜坚韧并富于弹性；三是发泡机的机械力（空压机与泡沫剂溶液泵的压力）具有足够的、合适的分散能力，能把空气和泡沫剂溶液进行双分散，使空气与液滴分散得极细小，并均匀混合，使液滴延展为液膜包围空气。发泡机的分散力是决定能否制成细小泡沫的关键因素。空气和液滴分散得越细小、越均匀，泡沫就越细小、越均匀。而泡沫越细小、越均匀，就会越稳定。要达到这一点，就必须借助发泡机的分散机械力。这一分散力来自发泡机内的静态分散器（发泡筒）。高压空气和泡沫剂溶液在高压下进入分散器，被分散器中的钢丝团分散均匀和微细化，并形成液膜包围空气形成微细泡沫。

图 2-2 为发泡机的外观，图 2-3 为物理发泡工艺原理。

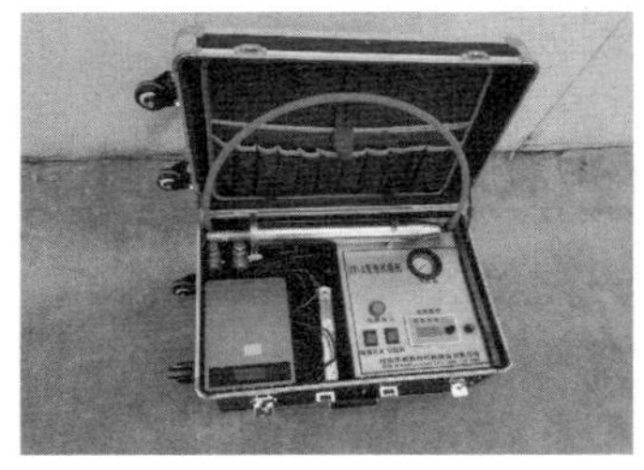
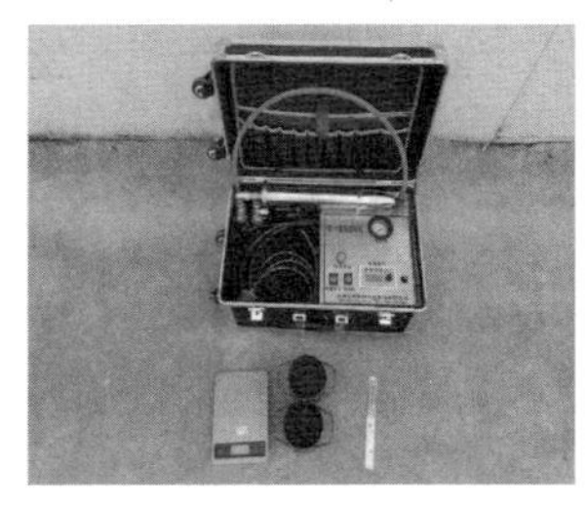

图 2-2　发泡机的外观

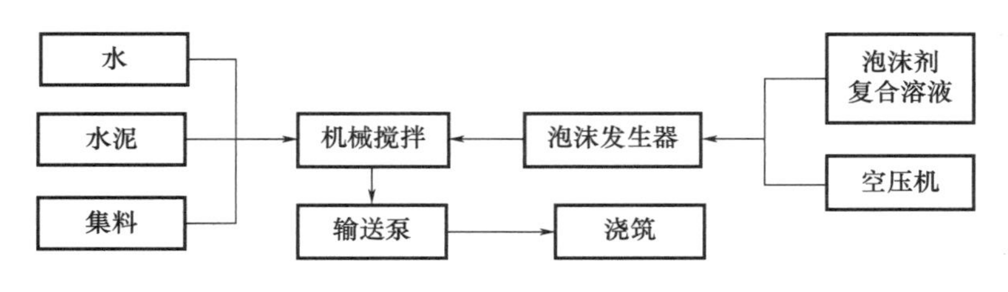

图 2-3　物理发泡工艺原理

3. 泡沫混合与气孔形成

（1）泡沫混合

泡沫形成气孔是气泡通过胶凝材料的胶凝固定作用完成的。所以，发泡机制备的泡沫在制成后，要尽快与胶凝材料浆体混合均匀，成为泡沫与胶凝材料的混合浆体。泡沫在空气中不够稳定（受风及阳光的干扰等），而在进入浆体后则比较稳定。因为，液膜上吸附了一层微细胶凝材料颗粒。这层颗粒加厚了液膜，对气泡有加固作用。所以，即使是原本在空气中不很稳定的泡沫，混合到胶凝材料浆体后也会比较稳定。泡沫在浆体中混合得越均匀，力度越合适，则泡沫浆体越稳定。混合的摩擦力要尽量小些。

（2）气孔的形成

泡沫的气泡在胶凝材料浆体中，逐渐被水化生成物固定，最终形成气孔。其由气泡到气孔的转变过程分为以下几个环节：

1）气-液界面向气-液-固界面的转变

泡沫与水泥料浆混合时，液膜吸附固体颗粒变成液固复合膜。原来的液膜只有几纳米至几微米，黏附水泥等颗粒后，变为几十微米，强度大大提高，稳定性增强。

在这一阶段，泡壁仍保持浆液态，支撑力仍以液膜为主。

2）气-液-固界面向气-固界面的转变

这一环节从浇筑完成到浆体初凝为止。这个环节相当于浆体的初凝环节。黏附于气泡液膜上的水泥等胶凝材料颗粒开始水化，并逐步形成相互搭接的水化胶凝层。但刚刚形成的水化层，还没有进入终凝，强度仍很差，还不足以支撑气泡。所以，这时泡沫膜层的状态是半浆液半凝固，形成的是一种复合强度。既有液膜的支撑力，又有水化产物层的支撑力。后期则逐渐向以水化凝结层支撑气泡为主发展。

这一环节是气孔形成的关键环节。如果胶凝材料凝结快，可以抢在气泡的液膜消失前形成凝结较好的胶凝层，取代液膜支撑气泡，那么气孔最终会形成。若胶凝材料凝结慢，凝胶层还来不及取代液膜，液膜就先破裂消失，则造成塌模消泡，无法形成后期的气孔。胶凝材料的凝结速度决定成孔率的高低。

3）气-固界面的形成

这一环节，泡沫气泡发生质的变化。泡沫的膜层由气-液-固三相界面转变成气-固界面，液膜消失，被水泥等胶凝材料的水化胶凝层取代，气泡变成气孔，被胶凝物质固定于水泥混凝土内，形成多孔材料。

2.4.3 化学发泡成孔工艺原理

1. 化学发泡的兴废与正确对待

化学发泡是近几十年出现的泡沫混凝土新型工艺。在国外的研究与应用较少。基于我国国情，一些专家学者于 20 世纪 90 年代开始研究，到 21 世纪之初逐渐增多，但应用于生产的不多。直到 2008 年前后，我国才逐步形成了以双氧水发泡为主导的化学发泡工艺体系，并在 2010—2014 年 5 月间风行全国，成为当时生产泡沫混凝土保温板的主导技术，几乎垄断了泡沫混凝土保温板的生产。但 2014 年以后，随着泡沫混凝土保温板被聚苯板挤出市场，这一工艺又逐渐冷了下来，2015 年以后，应用已很少。现在，只有少数几家企业仍在采用化学发泡生产泡沫混凝土保温和自保温砌块。

对于化学发泡 10 多年来的大起大落，笔者认为是不正常的。兴盛之时，有些人把这种工艺过分夸大，看不见其缺陷，盲目跟风。而衰落之时，有不少人过于贬低化学发泡，把它说得一无是处。这样做都是不正确的。当年化学发泡风行时，笔者曾多次呼吁，还是应该以物理发泡工艺为主来生产保温板。因为这种物理发泡工艺生产的制品气孔细小，更利于保温，工艺也好控制，比化学发泡优势更多。化学发泡可以搞，但不宜以它为主导。现在，化学发泡又完全被排斥，其实化学发泡也有很多优势，如不需发泡机，工艺简单，成孔质量好，孔形比物理发泡圆，闭孔率高等，在特殊的场合和产品上，仍有应用的优势。所以，这一工艺不可摒弃，应予保留，并适当地推广应用。对待物理发泡工艺和化学发泡工艺的正确做法，应该是以物理发泡为主导，这是全世界共同的百年选择，但同时，我们也应以化学发泡为辅助工艺，发挥其长处，克服其不足，继续加以推广应用。

2. 化学发泡的原理

泡沫混凝土的化学发泡是受加气混凝土的启发而发展起来的。也可以说它是加气混凝土发泡工艺的延伸。其发泡原理、成孔原理均与加气混凝土相同。但是，它并没有像加气混凝土一样采用铝粉发泡和蒸压，在生产工艺上有较大不同。这是由泡沫混凝土的特点决定的。泡沫混凝土不能采用铝粉发泡，主要原因如下。一是采用铝粉发泡，发气条件苛刻，发气静停阶段还要升温保温至40～50℃，而泡沫混凝土大多是常温生产，要求工艺简单，采用铝粉显然无法达到要求；二是泡沫混凝土行业的特点是企业数量多，达数万家，但绝大多数为小微企业，投资额过千万元的只有几家，蒸压工艺投资过大，其没有能力实施，无法选择；三是泡沫混凝土基本以水泥基为主，而不像加气混凝土以硅酸盐基为主，所以不能照搬加气混凝土采用蒸压工艺的做法。

泡沫混凝土的化学发泡工艺经过近几十年的发展，逐渐形成以双氧水水泥基常温发泡的工艺，形成了自己的特点。虽然采用铝粉常温发泡的也有，但均没有在实际生产中应用。其他采用热解发泡剂碳酸氢钠等发泡的少数企业受工艺限制，也未能普及推广。

双氧水为俗称，其化学名称为过氧化氢，常温纯品为无色液体。化学发泡常用浓度的质量分数为27.3%，活性氧含量为12.8%，密度（20℃）为1.1g/mL。

双氧水在泡沫混凝土中的发泡是依靠其分解反应产生氧气。双氧水在纯净状态下是非常稳定的，一般在常温常压下不会分解。但在加入催化剂的条件下，就会在常温下分解而形成水和氧气。其分解式见式(2-6)。

$$2H_2O_2 \xrightarrow{\text{催化剂}} 2H_2O + O_2\uparrow \tag{2-6}$$

双氧水的催化剂有很多种，如金属、酸和碱等。在实际生产中，为了克服这些催化剂各自的不足，常将不同的催化剂复合，应用复合催化剂，使发泡更平稳，反应更充分，发气量更大。这种复合催化剂被企业称为“小料”，用量较小。温度升高可加快双氧水的分解。所以，夏季双氧水发泡快、发泡量大，而温度低至10℃以下时，起泡条件已较差，不能保证正常的发泡生产，要使用30℃以上热水搅拌水泥，以促进双氧水的分解。

双氧水化学发泡生产泡沫混凝土，多采用水泥基胶凝体系，如六大通用水泥、快硬硫铝酸盐水泥、镁质水泥等。其中，通用硅酸盐水泥的含碱量大，双氧水分解发气过快，一般5～10min就结束发气，20s就可以发气达60%以上，所以工艺不易掌握。而快硬硫铝酸盐水泥和镁质水泥的含碱量低，双氧水分解发气速度适中，可以与浆体稠化速度相一致，不易塌模。当年生产泡沫混凝土保温板时，多采用快硬硫铝酸盐水泥，成品率高，工艺易掌握。

双氧水分解发气生产泡沫混凝土，其产生的气泡在水泥浆硬化体中转化为气孔的工艺原理，基本与物理发泡工艺相同。气泡在水泥浆中生成后，也经历了气-液-固界面，再由气-液-固界面向气-固界面过渡的过程，最后形成气孔。

双氧水化学发泡的生产工艺比较简单。把双氧水和催化剂先后加入水泥浆，搅拌均匀，静停20～30min发气结束，常温操作，十分方便。发气结束，待浆体终凝，气泡被凝胶产物固定，即形成了多孔混凝土材料。

2.4.4 泡沫混凝土的胶凝体系

目前，泡沫混凝土的胶凝体系共有4个，分别为水泥基、硅酸盐基、菱镁基、石膏基。

1. 水泥基

水泥基胶凝体系目前是泡沫混凝土的主导性胶凝体系，约占泡沫混凝土总产量的90%，也就是说绝大多数泡沫混凝土都是采用水泥生产的，其胶凝强度主要来自水泥。在水泥基材料中，通用硅酸盐水泥占95%，快硬硫铝酸盐水泥及其他特种水泥约占5%。水泥基之所以成为泡沫混凝土的主导胶凝体系，主要是水泥来源广、价格低、强度可满足要求，弊端少。

2. 硅酸盐基

硅酸盐基胶凝体系是由高硅含量材料与钙质材料在蒸压水热合成条件下形成的。因为它工艺复杂，投资大，所以应用受到了局限。目前，硅酸盐基的泡沫混凝土生产较少，只在蒸压砌块和蒸压砖的生产中得到了一些应用，多局限于东南沿海经济发达地区，其他地区较少采用。

3. 菱镁基

菱镁基泡沫混凝土胶凝体系在泡沫混凝土中应用较早，已有40多年的历史。但是，由于它价格高，材料不普遍，又有返卤、泛霜、变形、不耐水等缺点，所以一直没有得到大量普及。目前，菱镁体系多用于泡沫混凝土墙板，其次是自保温砌块，其他产品则应用较少。所以，它不是泡沫混凝土的主要胶凝体系。

4. 石膏基

采用石膏基胶凝体系生产泡沫混凝土，始于20世纪90年代，目前主要用于生产石膏泡沫砌块以及石膏泡沫墙板。泡沫加量不高，一般仅占其体积比的15%～20%。所以，它也不是泡沫混凝土的主要胶凝体系。其主要原因是强度低，不耐水，加入泡沫之后，其弱点更突出，优势不够明显。

此外，近几年，地聚物基胶凝体系在泡沫混凝土中的应用，也开始受到重视和关注，专家学者们的研究较多，相关论文约有200多篇。但是，由于地聚物胶凝体系的性能不稳定，安定性很不可靠，大量的研究成果并没能用于实际生产。所以，它目前仍然不能作为泡沫混凝土的胶凝体系使用。

3 超高掺量复合固废及其工程应用

超高掺量复合固废及其工程应用，是近年来泡沫混凝土行业的一些企业投入大量人力、财力、物力研发成功的固废泡沫混凝土科技成果。可喜的是，在河南省，该成果于2019年11月通过中国循环经济协会组织的专家鉴定，并被列入河南省创新示范专项项目。近几年来，利用这项成果成就较大的华泰公司及其加盟合作的许多企业，其大量工程都是采用这一技术成果施工的，并取得了令人瞩目的社会效益和经济效益。利用这项技术，其陆续施工工程超过50万m^3，节约水泥13万t，节约生产成本5200万元，工程利润提高15%、减少碳排放12.8万t。

这项技术的典型技术特征，是采用工厂预加工的HT-1～HT-3型复合固废掺和料，而不是采用常规的原状单一固废，大大提高了固废的掺和量。一般来说，这种复合固废可以添加混凝土配比的40%以上，最高可达70%，使泡沫混凝土的水泥用量由80%下降为40%，大幅降低工程成本，提高企业效益。

泡沫混凝土自应用固废以来，固废的利用水平一直较低，常年徘徊在30%以下，加多了工程质量就难以保证。HT系列高性能复合固废掺和料的研发成功与推广应用，开创了泡沫混凝土行业固废应用的新格局，必将大大促进固废的大掺量、高品质、高效益的资源化综合利用。

本章将重点介绍HT系列高性能复合固废，包括其复合原理、功能与效果使用方法，以及工程应用典型案例，以利于更多的人使用它，并从中获益。

3.1 HT系列高性能复合固废掺和料的优势

和使用单一固废相比，使用泡沫混凝土行业HT系列高性能复合固废掺和料的优势要大得多。其优势可概括为以下几个方面。

3.1.1 大幅提高固废的使用效果

使用单一固废，如粉煤灰、磷渣等，其常规掺量下，对泡沫混凝土的强度提高有限，而采用HT系列掺和料，在不提高水泥掺量的情况下，强度一般可提高10%～20%，而且其抗渗性、抗碳化性、抗冻性，综合耐久性等性能均有不同程度的改善。使用固废不仅是为了降低水泥用量，同时也是为了改善和提高泡沫混凝土的综合性能。

3.1.2 提高掺量

在不提高原配方水泥用量的情况下，和采用单一固废相比，采用HT系列掺和料，掺量可提高10%以上，最高可提高30%。原来单掺粉煤灰（二级），一般用量为30%，而采用HT系列掺和料，用量可达40%，最高可达70%，大幅提高了固废的利用率。

3.1.3 优化添加固废工艺

HT系列掺和料把各种固废和外加剂（如活性激发剂、稳泡剂等）混合为一种材料，优化了配料工艺，方便使用。

3.1.4 泡沫混凝土成本更低

由于HT系列掺和料的掺量比单一固废大得多，水泥用量少，能够使泡沫混凝土的成本降低10%～15%。

3.1.5 扩大固废的应用品种

某些固废品种由于不利于泡沫稳定，不能直接掺用到泡沫混凝土中，如赤泥、碱渣、电石渣等。但是，不同品种的固废复合使用、副作用相互抵消，就可以使原来不能直接使用的固废重新利用起来。例如，前述的赤泥、电石渣等，与粉煤灰等活性废渣复合使用，就可以用于制备泡沫混凝土。不仅扩大了固废的利用品种，而且使固废的资源化利用率大幅提升。

3.2 HT系列高性能复合固废掺和料研发应用的意义

3.2.1 为固废行业探索出一条提高资源化利用的新路子

有关统计数据表明，我国工业固废年排放量达33亿t，历史累计堆存约600亿t。若加上农业废弃物、生活垃圾等，我国固废年排放不低于50亿t。然而其资源化利用率还不到30%。解决这一难题的最主要途径就是进行资源化利用的新探索，从而提高固废的利用率。HT系列高性能复合固废掺和料的研发成功，使固废在水泥混凝土中的掺量大幅提高，无疑找到了一条新的技术路线。这条技术路线就是变单一固废掺用为多种固废与外加剂复合掺用，采用工厂预加工。这样的利用方式在固废行业以前还没有，属于重大技术创新，会大大促进我国固废的资源化利用的发展。

3.2.2　提高泡沫混凝土行业的绿色化发展程度和竞争力

泡沫混凝土的主料是水泥，其配比量约为总固体物料的 80%。干密度以平均 500kg/m^3计算，每 1m^3水泥用量约为 400kg。按水泥目前 42.5 级均价 500 元/t 计，每 1m^3泡沫混凝土的水泥成本就达到 200 元，再加上发泡剂、稳泡剂、人工、折旧等费用，泡沫混凝土的总成本大于 250 元/m^3，有的高达 280～300 元/m^3，而加气混凝土的总成本则低于 150 元/m^3。所以，高水泥用量大大降低了泡沫混凝土的市场竞争力，使整个行业发展受阻。华泰公司研发的 HT 系列复合固废掺和料，可以使水泥用量降低 50%，使泡沫混凝土的造价每 1m^3降低 100 元左右，这将大大提高其在行业的市场竞争力。水泥用量的减少，固废掺用量的提高，也使泡沫混凝土迈入了绿色材料的行列。

3.2.3　降低碳排放量，有利于节能减排

水泥行业是碳排放大户，每生产 1t 水泥，就可排放 CO_2 约 0.634t。2020 年，我国水泥产量就达到了 23 亿 t，年排放 $CO_2$15 亿 t。降低水泥的消耗量是降低 CO_2排放的一个最主要途径。HT 系列高性能复合固废掺和料的使用，可以使泡沫混凝土的水泥用量由 80% 降至 40%，基本减少了一半。

这也就意味着，在使用这种复合固废掺和料之后，也可以促进泡沫混凝土行业更好地节能减排。2020 年，我国泡沫混凝土总产量约 5300 万 m^3，消耗水泥以每 1m^3泡沫混凝土平均 0.4t 计算，5300 万 m^3 泡沫混凝土就消耗水泥 2120 万 t。假如全行业泡沫混凝土都能采用 HT 掺和料，会降低一半水泥用量，也就意味着全行业水泥用量会从 2120 万 t 下降到 1060 万 t，年降用量 1060 万 t。以每生产 1t 水泥碳排放量为 0.634t 计算，年节省 1060 万 t 水泥，降低碳排放量 672 万 t。

3.2.4　有利于泡沫混凝土大体积施工，提高工程耐久性

当泡沫混凝土大体积施工时，由于水泥的水化放热，其浇筑体内部温升剧烈。体积越大，温升越高，最高可达到 150℃。这么高的温升会导致浇筑体热裂，降低工程耐久性。而采用 HT 系列高性能复合固废掺和料之后，水泥用量降低一半，浇筑体的水化热和内部温升也相应降低一半。这可以防止浇筑体的热裂，避免内部出现裂纹，从而提高工程的耐久性，保证工程安全。

目前，泡沫混凝土主要用于工程回填，而工程回填在浇筑时，体积较大，有时浇筑高度一次性可达 1 ~ 2m，浇筑总高度可达 8 ~ 10m。如此大的浇筑体，如不采用大掺量固废，水化热集中而导致浇筑体内部热裂很难避免。如今有了 HT 系列掺和料，这一问题就可以迎刃而解，有利于泡沫混凝土大体积浇筑，且提高工程耐久性。

3.3 HT 系列高性能复合固废掺和料的技术原理

复合固废掺和料的使用性能均优于单一固废。其基本技术原理有以下几个方面。

3.3.1 活性叠加协同原理

这一原理适用于各种活性工业固废，如粉煤灰、钢渣、矿渣、磷渣、铜冶炼渣、金银冶炼渣等。它们本身都具有一定的活性，可以单独作为掺和料使用。但由于它们的成分不同、活性大小不同，其水化速度、水化产物的品种均不同。若单独使用，效果相对较差，若几种协同使用，便会相互活性协同增效，从而提高活性。例如粉煤灰只含有活性硅铝，只有在活性硅铝二次水化时，才能产生混凝土强度，水化速度较慢。钢渣比粉煤灰活性强，因为它不但含有活性硅铝，而且含有可直接一次水化的水泥成分硅酸二钙。所以它的水化速度比粉煤灰快，而且水化生成物更多。矿渣则比粉煤灰、钢渣的活性更高，因为它不但含有活性硅铝、水泥成分硅酸二钙，而且含有水泥成分硅酸三钙，而硅酸三钙的水化生成物比硅酸二钙更多。高强度等级水泥之所以强度高，就在于它们含有更多的硅酸三钙。所以，从活性大小、水化速度快慢来比较，矿渣活性最大，水化速度最快，其次是钢渣，最后是粉煤灰。若将三者复合使用，再配以适当的活性激发剂，其活性要远远大于单一使用粉煤灰的效果，弥补了粉煤灰水化慢、水化生成物少的不足。三者活性叠加，既有硅酸三钙、硅酸二钙的早期水化效应，又有活性硅铝后期水化效应，其对泡沫混凝土的增强效果将成倍增加。

3.3.2 复合活性激发原理

复合活性激发包括两个方面：复合活化剂的活性激发，复合活化剂与碱性固废的双重复合激发。

1. 复合活化剂的活性激发

复合掺和料的主体材料是活性固废。而活性固废的隐性活性是需要激发剂来激发的。而活性激发的效果，从大量的试验结果来看，单一成分的激发剂往往不如复合激发剂，即采用多种激发剂共同激发。以往，在使用活性固废时，许多企业为了降低成本，大多不使用激发剂。个别使用激发剂的企业，也大多采用便宜的单一品种，所以效果不好，而且添加麻烦。而复合活化剂，含有多种活化成分，效果优于单一成分活化剂。

2. 复合活化剂与碱性固废双重复合激发

HT系列高性能复合固废掺和料采用复合激发原理。其固废中掺加了多种激发成分，既添加了生石灰粉、赤泥、电石渣等碱性固废，又添加了复合活化剂等。这种双重复合激发的效果，比单一激发好得多，且使用方便。配料时，不需要一种种分别加激发剂。更重要的是本剂不像通常那样，把激发剂和活性固废简单地混合，而是共同超细粉磨。由于粉磨过程中，温度很高，借助这种温度和激发剂与固废充分接触，起到一定的预活化作用。这种预活化加上复合活化，活性固废的活性就会被激发得更充分，所以，复合活化剂与碱性固废的双重激发使用效果就明显优于掺用普通单一固废。

3.3.3 不同固废互补原理

每种固废都有自己的优势，但也都有自己的劣势。这些劣势往往会影响这些固废的再利用，甚至不能在泡沫混凝土中采用。例如电石渣、赤泥，单独在泡沫混凝土中添加，就有消泡的劣势，不能采用。又如钢渣活性好，含有硅酸三钙，但它的劣势明显，游离氧化钙含量高，性能不稳定，况且密度大，在泡沫混凝土中易下沉，所以也很少单独用于泡沫混凝土。很多固废都是如此，单独使用劣势明显。

解决很多固废不能用于泡沫混凝土的最佳方案，就是采用复合技术，使不同的固废复合使用，利用它们各自的优势，去克服其他掺和料的劣势。例如，赤泥、电石渣都是碱性固废，而碱是活性硅铝的活化剂。采用赤泥或电石渣与粉煤灰复合使用，粉煤灰消耗了赤泥、电石渣的碱，而赤泥、电石渣又激发了粉煤灰的活性，两者简直是最佳搭档。再如，钢渣单用安定性差，且易下沉，若将它与矿渣、粉煤灰复合使用，矿渣和粉煤灰吸收消耗了它的游离氧化钙，并在一定程度上抑制了它的下沉，只要使用比例不是太大，就可以作为复合固废成分，用于泡沫混凝土。

由此可知，许多不同的固废都可以通过其成分、性能试验配对后进行组合，配制成复合材料，用于泡沫混凝土。哪一种能与之复合，要根据其成分、性能来确定，并在试验后用于工程。其复合原则，就看这些固废之间有无劣势互克的性能。

3.3.4 增加功能原理

普通的固废利用，在加入泡沫混凝土时是单一品种添加，这种添加方式无法满足泡沫混凝土的许多功能性要求，影响泡沫混凝土的性能，从而无法大量使用。泡沫混凝土是一种特殊混凝土，它最显著的技术特点就是轻质多孔、保温隔热。而加入固废时，许多品种都会影响它的轻质性、泡沫稳定性、孔结构的细化性、保温隔热性等。例如，加入过多的钢渣，就会影响它的轻质性，使它的密度变大，泡沫稳定性变差，保温性下降。粉煤灰加入过多，就会影响它的凝结硬化而使部分泡沫破坏。如此等等，都是采用单一固废加入泡沫混凝土导致的不足。

解决这些问题的唯一方法，就是采用复合固废掺和料。在采用复合固废时，我们可以根据泡沫混凝土的需要，在掺和料中加入降低其密度的轻质材料如泡沫聚氨酯、泡沫聚苯、珍珠岩质粉等，还可以加入稳泡剂稳定它的泡沫，加入防沉剂来防止重质固废的沉降，加入速凝剂来保证它的硬化凝结速度等。总之，我们可以在掺和料里加入任何泡沫混凝土需要的成分及外加剂，以满足它的功能性要求。而这些，都是单用一种固废办不到的。HT 系列固废掺和料之所以使用性能好、功能多，就在于它复合了许多功能成分。

3.4 HT 系列高性能复合固废掺和料的主要品种

HT 系列高性能复合固废掺和料，主要应用于泡沫混凝土，也可用于各种常规混凝土，尤其是高耐久、大体积浇筑的现浇混凝土工程。

根据其复合成分的不同，HT 系列高性能复合固废掺和料共有三个常用品种：HT-1 型活性固废复合掺和料、HT-2 型惰性固废复合掺和料、HT-3 型活性与惰性固废复合掺和料。由于各地所具有的适用固废资源的不同，HT 系列高性能复合固废掺和料的成分可以因地制宜，当地哪种适用固废资源充足而价廉，就以哪种为主，随时调整。所以，HT 系列高性能复合固废掺和料并不只有三个品种；还可以调整为很多品种。不过，其成分调整后，其使用方法（掺量）以及使用效果，还应通过大量试验和试用来确定。下面具体介绍三个常用的主要品种。

3.4.1 HT-1 型活性固废复合掺和料

1. 主要成分

本剂是以活性固废为主，添加活化剂和功能添加剂制成的。

本剂的成分主要有三类：

（1）活性固废。可以选用至少两种活性固废复合，一般 2～4 种复合常用活性固废为原料，如采用矿渣微粉与粉煤灰复合，也可采用磷冶炼渣、铜冶炼渣、金银冶炼渣等各种有色金属高活性冶炼渣与粉煤灰复合。三元复合常用的复合方法主要为矿渣微粉、粉煤灰、钢渣三元复合。

（2）活化成分。活化成分由生石灰、生石膏与三种高效活化剂组成，共同激发固废的活性。

（3）功能组分。功能组分由稳泡剂、增稠防沉剂、速凝剂等发挥功能性作用的组分构成。

2. 生产工艺

本剂先将难磨的、块状的废渣（如钢渣、磷渣等）单独粉碎粉磨，然后将所有物料共同超细粉磨至比表面积大于 $400m^2/kg$。

3. 适用地区

本剂就地粉磨生产，所以当地必须有丰富的活性固废资源。

4. 用量

本剂在泡沫混凝土及常规混凝土中的掺量为 40%～50%，最高可达 70%。具体应通过计算来确定。

3.4.2 HT-2 型惰性固废复合掺和料

1. 主要成分

本剂主要由惰性固废和功能组分构成。

（1）惰性固废微粉。可以由多种惰性固废复合。常用的惰性固废主要为各种尾矿粉，如铜、铁、金等尾矿粉，陶瓷加工废瓷粉，石材加工废石粉等。

（2）功能组分。功能组分由稳泡剂、增稠防沉剂、速凝剂等组成。

由于惰性固废没有活性，在常温下难以与其他物质发生化学反应，加入活性剂也不会产生活化作用，所以不再加入生石灰和活化剂。

2. 生产工艺

本剂的生产工艺是：先将惰性固废烘干至含水量在5%以下，过筛，除去树叶草根等杂质，然后与功能组分共同加入球磨机或振动磨，进行超细粉磨至单位比表面积达到350m^2/kg。

3. 性能

本剂由于没有活性，对泡沫混凝土的强度贡献较弱。它主要发挥微集料效应，对泡沫混凝土的强度及耐久性有一定的贡献。

4. 适用地区

本剂主要适用于活性固废供应困难，而尾矿资源或废石粉等惰性固废资源丰富的地区，可就近加工使用。

5. 用量

本剂由于没有活性，最大掺量不可超过40%，建议掺量20%～40%。

3.4.3 HT-3活性与惰性固废复合掺和料

1. 主要成分

本剂主要由活性固废微粉、惰性固废微粉、活化组分、功能组分四部分组成。

（1）活性固废微粉。可以有2～3种复合，常用的品种为粉煤灰、矿渣、钢渣以及其他有色金属冶炼渣等。

（2）惰性固废微粉。可以有2～3种复合。其品种主要为硅铝含量高而钙含量低的尾矿粉、石粉、陶瓷加工废粉等。

（3）活化组分。活化组分主要是生石灰粉和复合活化剂，主要用于活性固废的激发。

（4）功能组分。功能组分的主要成分为稳泡剂、增稠防沉剂、速凝剂以及必要的其他外加剂。

2. 生产工艺

将活性固废分别烘干后粉磨为微粉，同时将惰性固废烘干、过筛、粉磨。由于各物料的易磨系数差别较大，不宜混磨。分别磨成微粉后，与各活化组分、功能组分共同混合制为成品。

3. 性能

本剂由于既有活性固废，又有惰性固废、活化组分与功能组分，所以对泡沫混凝土的增强效果较好，其性能略次于 HT-1 型，但优于 HT-2 型，也是常用的复合掺和料品种。

4. 适用地区

本剂主要用于活性固废和惰性固废均较充足的地区，可以根据各种固废的经济性来决定其复合方法和复合量。一般应以活性固废为主，惰性固废可少掺，以不过大影响掺和料性能为宜。

5. 用量

本剂的常用掺量为泡沫混凝土配比量的 30% ~40%，最高可达 55%。在大体积浇筑工程中，可加大到 60%。

3.5 HT 系列高性能复合固废掺和料的应用领域

泡沫混凝土能够应用的领域，无论是制品，还是现浇，大多可以应用 HT 系列高性能复合固废掺和料，达到降低成本、提高工程质量和绿色环保的目的。不同的工程，只是选用的掺和料品种不同和掺和料的用量不同而已。但是，最能体现其应用优势的，当属其对工程的广泛适应性和高掺量。由于现浇工程量大且对抗压强度要求不是太高，掺和料用量大，经济效益及技术效益更为明显。所以，这里重点介绍泡沫混凝土在基础设施工程建设方面的应用领域。

3.5.1 软基换填

软基换填是迄今泡沫混凝土应用优势最明显、应用最普及、用量最大的领域，在这一应用领域，最适宜加入 HT 系列高性能复合固废掺和料，其掺用量可以达 50% ~70%。沿海、沿湖、沿海或低洼沼泽地区，地基较软，承载力很差，工程施工后地面沉降破坏严重，不能在上面直接进行道路施工和工程建设，必须对软基进行加固处理。传统的处理方法为排水固结、桩基加固等，工程量大，造价高。二十多年来，基本上全部采用轻质泡沫混凝土换填，既能把软基挖出，又能用泡沫混凝土浇筑换填。泡沫混凝土轻质性，地基荷载小，而且为水硬性混凝土，耐水耐久，浇筑后地基不会发生沉降性破坏，保证工程安全，而且施工速度快、工期短。

软基换填主要用于两个方面：

1. 路基换填

典型工程如番禺收费站，路基换填23万m^3，又如浙江宁波奉化收费站，软基换填8000m^3等。

2. 建筑地基换填

典型工程如天津滨海新区地基换填、汕头填海区地基换填、武汉经济技术开发区汽车测试场地基换填等。

截至目前，全国采取泡沫混凝土地基换填的工程已达3000多项，成为地基加固的主要施工技术。

3.5.2 道路加宽工程填筑

随着我国交通运输业的快速发展，20世纪修筑的一些公路、铁路，其宽度已不能满足大流量交通的需要，许多都需要增加车道。而增加车道，就要先加宽路基。若用原有的夯土路基加宽方案，放坡较大，占地就多，就要新征土地。而许多道路两侧有建筑，地方狭窄，已无地可征。这给道路加宽增加了难度和投资。近二十年来，我国普遍采用泡沫混凝土现浇来进行道路加宽，一举解决了道路加宽的征地、拆迁、扩大道路占地的难题。这一技术利用泡沫混凝土硬化体的自立性能，不需要道路放坡，路基可以直立施工，利用道路原有的放坡占地，就可以将道路加宽。采用这种加宽方法，不用在道路两边挖土方，不需征地拆迁，不需路基碾压施工，工期短、造价低，是最佳的道路加宽方案。

泡沫混凝土路面加宽的工程应用有两个方面：

1. 公路路基加宽

典型案例如京广高速的许多标段等。

2. 铁路路基加宽

典型案例如京塘铁路津山下行线改建加宽工程、山东德州高铁站路基加宽工程等。

3.5.3 公路桥台背填筑

泡沫混凝土用于公路桥台背填筑，是20多年来已在我国普及推广和应用的一项技术。此项技术完美地解决了桥台跳车难题，所以大受路桥工程界的欢迎。

由于公路填土路基的沉降，公路与桥梁连接处（桥台背处）会形成一条沉降缝，致使路面与桥面高低不平，引起桥头跳车，形成一个长期解决不了的技术难题。近年来，桥台背不再用填土路基，而改用泡沫混凝土回填，一举解决了桥台背路基沉降引起的桥台跳车问题。泡沫混凝土自重轻，每1m^3只有600kg左右，只相当于原来碾压填土自重2400kg的四分之一。所以这种轻质泡沫混凝土路基，对基础压力小，地基不沉降，而且泡沫混凝土具有硬化自立性，对桥台结构几乎没有推挤作用，填筑体自身也不会在施工后发生沉降，提高了路基的稳定性，使桥台跳车问题迎刃而解。同时，采用泡沫混凝土现浇施工，每1h可浇筑（单台设备）60～100m^3，一个班次可施工600～1000m^3，工期短，施工快，大大降低了工程造价。

目前，这项技术还在继续扩大应用范围和用量，已从高速公路桥台背填筑，扩展到普通公路市政道路建设中。

3.5.4　地下建筑顶面填筑

随着市政建筑的快速发展，以地铁为代表的地下工程日益增多，如城市地下通道、地下商场、地下广场等。这些工程有相当一部分采用明挖施工，在施工后期需要对地下工程的顶面进行回填。若是回填砂土，自重压力太大（2000～2100kg/m^3），对地下工程顶面的安全造成威胁，尤其是大跨度地下工程。所以，自21世纪初期，我国就不再采用砂土对地下工程顶面进行回填，而采用轻质泡沫固废混凝土回填。2008年，鸟巢、水立方周边的地下通道工程顶面回填，就是泡沫混凝土用于地下工程顶面回填的典型案例。近年来，这种应用技术开始大量用于地铁明挖段及地铁站顶面的回填。其典型应用如北京怀柔马坡站地铁顶面的回填等。除地铁外，本技术也用于一些车站工程地下广场顶面的施工，其典型应用如天津西站南广场地下工程顶面的回填等。

固废泡沫混凝土用于地下工程顶面回填，具有三个方面的意义。技术方面来讲提高了地下工程的安全性，降低了顶面支撑的结构设计难度；经济方面来讲缩短了工期，降低30%以上造价；环境方面来讲避免了大量挖掘周边土体，保护了自然生态，并避免了施工扬尘。

3.5.5　采空区回填

我国矿业经长期开采，目前已形成大量的采空区。这些采空区的地下矿井空洞如不及时回填，会形成许多巨大的沉陷区，毁村毁田，造成巨大的经济损失。所以，近些年，各地政府不惜重金，对地下空洞进行回填，但传统的砂石回填作业困难、流动性差、密度大、造价高，故大多已改用固废泡沫混凝土回填。它可以就地取材，用当地的尾矿粉，添加水泥和泡沫，制成轻质浆体灌注。这项技术的固废比例可达70%以上，水泥用量少，输送距离近，浇筑速度快，其最大速度单套浇筑机1h可施工100m^3，而且是地面操作，施工便利，具有较大的优势。在各种固废泡沫混凝土应用领域中，采空区回填是经济效益最为可观、技术可行性最大、最值得推广的领域。

除采空区外，其他报废且容易造成地面沉陷的地下工程需要回填时，也可采用此项技术，如地下防空洞、地下商场、地下通道等。

除上述各种应用领域外，固废泡沫混凝土回填还有很多的应用，如地下溶洞工程回填、隧道坑口的填筑、滑坡路段路堤的填筑，寒冷地区道路冻土层的隔热覆盖、陡峭地区及急转弯地带的避险填筑、地面坑沟的工程填筑等。

3.6 施工工艺

3.6.1 主要设备

超高掺量复合固废工程应用，大多涉及基础设施工程，如道路加宽、桥台背回填等，工程量都较大，一般一个工程都要几万立方米甚至是几十万立方米。常规现浇常用的中小型现浇成套设备无法满足工程需要。为适应大规模、高效率施工的需要，华泰公司研发的专用大型系列成套装备HT18-Ⅰ和HT18-Ⅱ等实现了智能化程序控制，2人即可操控，现将两套设备介绍如下。

1. HT18-I型智能化泡沫混凝土成套现浇装备

（1）主要技术参数

泵送高度：60m。

输送量：60m^3/h。

功率：60kW。

整机质量：4200kg。

泵送水平距离：800m。

外形尺寸：5300mm×2200mm×2800mm。

配套上料机长度：6m。

（2）技术特点

① 智能控制，程序输入、配比和工艺过程均不需要人工操作。材料自动计量，自动输送，瞬时和累计流量均有显示，摆脱人工配料。

② 产量高，每 1h 可施工 $60m^3$。

③ 浇筑能力强。水平输送距离可达 800m，输送高度可达 60m。

④ 适合添加多种固废，制浆效果好，固废不沉降、不分层。

2. HT18-Ⅱ型智能化泡沫混凝土成套现浇设备

（1）主要技术参数

泵送高度：60m。

输送量：$90m^3/h$。

功率：100kW。

整机质量：5000kg。

泵送水平距离：800m。

外形尺寸：5300mm × 2200mm × 2800mm。

配套上料机长度：6m。

（2）技术特点

① 编程全自动控制，2 人即可施工。

② 材料计量与加料均为自动化，瞬时和累计流量均有显示。

③ 占地面积小，整机占地仅为 $5m^2$。

④ 输送能力强。输送高度可达 60m，水平输送距离可达 800m。

⑤ 产量高，每 1h 可施工 $90m^3$。

⑥ 适合添加各种固废，制浆效果好，固废不沉降、不分层。

3.6.2 配合比设计

1. 主要原料

（1）HT 系列高性能复合固废掺和料

主要产品有 HT-1、HT-2、HT-3 三个品种，在生产中可根据当地固废品种进行相应调整。其成分有一定差异。当地磷渣供应充足，掺和料就以磷渣为主料，当地钢渣足，掺和料就以钢渣为主料，以此类推。由于固废不同，所以，掺和料性能也有一定的不同，具体应根据主要原料品种，通过试验确定其性能与用量。

（2）水泥

建议采用 P·O 42.5 级及以上水泥，因为它的热料含量较高。不建议采用粉煤灰水泥、矿渣水泥、复合水泥、石灰石水泥等，因为这些水泥已加入大量的工业固废混合料，不利于固废掺和料的加入。

（3）水

宜选用无污染的洁净水，水温不宜低于5℃。水温太低，影响浆体凝结。如果抽取使用当地河水，应确保没有污染，且需要检验。

2. 基本配合比

由于HT系列高性能复合固废掺和料的成分不尽相同，所以泡沫混凝土的配合比也不尽相同，需要根据工程要求的技术指标，并结合HT系列掺和料的成分及性能来具体计算。这里仅给出一个参考配合比，不作为生产实际配合比使用。

水泥：30%～50%。

HT系列高性能复合固废掺和料：50%～70%。

水料比：0.5%～0.7%。

泡沫：总体积的20%～70%。

3.7 生产工艺

3.7.1 准备工作

（1）各种原料提前备齐，并加入储罐，其备料量至少应满足一个班次的需求。

（2）正式生产前应将现场设备进行试运转，检查设备是否正常，浇筑管是否堵塞，一切正常才能正式开工。

（3）浇筑区域清理好场地，不得有积水和杂物。虚土地面应夯实，并喷涂2～3mm水泥浆封闭或者铺设土工材料，防止地基大量吸收浇筑体的水分引起塌模。

（4）待浇筑位置应分区固定好模板，并打好支撑，封闭模板接缝，防止浇筑时漏浆。

3.7.2 浆体制备

按设定配合比启动搅拌和上料系统，逐一向一级搅拌机加料。加料顺序应如下：

（1）启动一级搅拌机，先加入1/3拌和水；

（2）加入水泥，边加边搅拌，同时加入剩余的2/3水；

（3）加完后搅拌1min，水泥加完后，开始加入HT系列高性能复合固废掺和料，加完后搅拌 5min。

（4）搅拌周期应控制为 5 ~ 6min，搅拌时间越长，浆体质量越好，但生产效率越低。应在浆体质量与生产效率之间适当协调。

（5）优质的浆体极富弹性，均匀度优异。

（6）整个搅拌工艺过程全部由微机设定，自动控制完成，不需人工干预。

3.7.3 浆体发泡、混泡、输送

浆体在一级搅拌机制好之后，卸料到位于一级搅拌机正下方的二级储浆慢速搅拌机，储浆并泵送。二级搅拌机又称储料箱。它的主要任务是储存在一级搅拌机中制好的浆体，并向输送泵供浆，其搅拌的作用对浆体进一步匀化，更重要是防止浆体沉淀，尤其是掺和料中尾矿粉、石粉、钢渣这些重质固废比例较大时。一级搅拌应提前制好拌浆体，卸入二级储浆搅拌机储浆，并向浇筑泵供浆，腾空一级搅拌机，可立即开始进行下一拌浆体的制备。这样，就可以实现一级间歇搅拌而二级连续泵送。一级搅拌制浆的总时长应短于二级搅拌泵送时长至少 30s，以保证二级搅拌机内浆体不断供。

待二级搅拌机内浆料达到设定的体积后，设备主机系统启动，开启发泡系统，形成泡沫；同时，开启泵送系统，泵体利用压力作用，将前述二级搅拌机内的浆体压到混合器内，与泡沫在混合器内进行混合；最后，混合后的料浆通过管道输送到浇筑点区域。

泵送压力与管壁的摩擦作用都有消泡现象，从而使浆体随浇筑泵送距离与高度的增大而增大密度。泵送高度越高，距离越远，密度增大现象越严重。所以，浇筑浆体的密度控制，应以出料端为准。另外，环境气温也会影响浇筑密度。气温较高（如夏季）时，泡沫里的空气会膨胀，使浆体的体积增大，降低浆体密度，而气温较低时，泡沫里的空气会收缩从而增加密度。所以，浇筑的难点在于浆体实际密度的控制，否则浇筑体会偏离设计密度。

浇筑以后，应加强浇筑体的养护，尽快在浆体表面覆盖农膜保湿，也可待浇筑体浆体表面初凝后，喷洒两遍养护剂保湿。保湿养护时间为 10d 以上。

此外，大风天气不可浇筑，因为风力会破坏泡沫。所以，当风力大于 4 级时，一般不施工。

4 废聚苯颗粒轻集料屋面保温隔热层

4.1 屋面保温隔热层简介

本屋面保温隔热层主要用于平顶屋面。它的作用有两个，一是夏季隔热（尤其在南方）、冬季保温（尤其在北方）；二是屋面找坡，以利排水。一般它要采用轻质材料。

中华人民共和国成立初期，我国平顶屋面保温隔热，主要应用炉渣混凝土。这种材料密度大，保温隔热效果差，20 世纪 60 年代被淘汰，换成珍珠岩混凝土。但珍珠岩混凝土中的珍珠岩可吸水 300%，需水量大，水泥浆长时间不凝结，且一旦吸水保温就失效。后来就换成挤塑板，但这种材料不能找坡。直到 21 世纪初，我国才学习西方发达国家，采用泡沫混凝土进行屋面隔热保温找坡。这种材料保温隔热效果好，又能方便找坡，一般浇筑 10 ~ 30cm 厚就可满足设计要求。泡沫混凝土施工速度快，机械化施工，是迄今为止最适合的屋面保温隔热材料。所以，在本世纪初，泡沫混凝土保温隔热迅速流行起来，成为新型屋面保温隔热的主导性技术。2012 年，我国颁布了《屋面保温隔热用泡沫混凝土》（JC/T 2125—2012）行业标准，以及 10 多个省级地方标准，使这项技术实现了规范化、标准化，形成了完整的技术体系。

在多年的施工过程中，泡沫混凝土行业的许多企业发现，泡沫混凝土应用于保温隔热，仍存在一些缺陷。其主要缺陷就是泡沫混凝土因没有集料干缩较大，且导热系数仍偏高。为了解决这一技术难题，人们后来研发出废聚苯颗粒泡沫混凝土，即在泡沫混凝土中添加 NY-A 废聚苯颗粒复合轻集料。这种轻集料的加入，不仅可以抗缩抗裂，而且可以降低泡沫混凝土的密度、导热系数和成本，一举四得。这一技术的推出，使泡沫混凝土屋面保温隔热进入新的发展阶段，大大提高了市场占有率。

图 4-1 为固废泡沫混凝土屋面保温隔热层施工现场。

图 4-1 固废泡沫混凝土屋面保温隔热层施工现场

4.2 主要原料

4.2.1 复合轻集料 NY-A

1. 废聚苯颗粒

废聚苯颗粒由废挤塑板或模塑板粉碎制得。其粒度为 3～5mm，堆积密度为 8～14kg/m^3。其在复合轻集料中占体积比为 80%，质量比为 4%～5%。它是复合轻集料的主要原料。它在复合轻集料中的作用有三个：一是降低泡沫混凝土的导热系数；二是降低泡沫混凝土的密度，可取代部分泡沫；三是发挥轻集料的抗缩作用，防止泡沫混凝土浇筑后的开裂。

废聚苯颗粒的制取所需的废挤塑板和模塑板，可以从废品收购站购买，也可从泡沫聚苯产品生产厂家购买切割下脚料，价格便宜，目前收购价为 3～4 元/kg 。

2. 珍珠岩废粉

生产珍珠岩筛除的废粉，也是轻质材料，其堆积密度为 100kg/m^3，有较强的吸水性。它是天然珍珠岩烧胀膨化后过筛产生的废料。在复合轻集料里适当地配入体积比为 10%，可以起到自保水作用，对泡沫混凝土形成自然养护，且不会过多地增加泡沫混凝土的密度，有利于抵抗泡沫混凝土的干裂。

3. 活性固废微粉

活性固废微粉可选用矿渣微粉或 2 级粉煤灰，以矿渣微粉为首选。它在复合轻集料中作为微集料使用，发挥对泡沫混凝土微观增强作用，并作为辅助胶凝材料，配合水泥为泡沫混凝土贡献强度，可降低水泥用量，增加泡沫混凝土的黏性。

4. 外加剂

复合轻集料的另一个重要成分是稳泡剂。这是一种白色微末，对泡沫具有较强的稳定作用，并提高泡沫的圆度和闭孔率，防止泡沫进入水泥浆后消泡。它在复合轻集料中仅占总质量的2%，作用却非常大。

复合轻集料 NY-A 技术指标：

外观形态：轻集料与微粉混合物。

堆积密度：300kg/m^3。

pH 值：9.5。

包装：袋装，每袋 10kg。

4.2.2 水泥

水泥的作用是把复合轻集料颗粒黏结为一体，并为凝结体形成气孔提供条件，同时配合轻集料中的活性固废共同形成强度，是轻集料泡沫混凝土的主要强度来源。

由于屋面保温隔热层大量使用轻集料，同时又加入比例很高的泡沫，所以，要想使泡沫混凝土屋面保温隔热层形成强度较高的硬化层，就必须使用质量较好的水泥。原则上，六大通用水泥均可选用，但由于各种水泥中掺加的混合材比例不同，在选用时，还是要优先选用水泥中混合材配比量较低的硅酸盐水泥 52.5 级，或普通硅酸盐水泥 42.5 级。不可选用混合材配比量较大的粉煤灰硅酸盐水泥（粉煤灰占 20% ~ 40%）、矿渣硅酸盐水泥（矿渣占 50% ~ 70%）、火山灰硅酸盐水泥（火山灰占 20% ~ 40%）、复合硅酸盐水泥（混合材占 20% ~ 50%）。这些水泥因已掺入大量混合材，凝结较慢，综合性能不及硅酸盐水泥或普通硅酸盐水泥。

在水泥的储存过程中，容易吸收空气中的水汽，产生慢性水化作用，从而降低其活性。所以，水泥堆存越久，其水化活性越低。因此，在选购水泥时，应尽量选择生产时间不超过一个月的新鲜水泥，凡已堆存半年以上的水泥不可选用。

对水泥的技术要求如下：

强度等级：≥42.5 级。

碱含量：$Na_2O + 0.658K_2O$ 不大于 0.60%。

凝结时间：初凝不少于 45min，终凝不多于 390min。

安定性：煮沸法合格。

细度：≥350m^2/kg。

胶砂流动性：水灰比为0.5时，不小于180mm。

富余强度：≥5MPa。

储存时间：小于1个月。

4.2.3 泡沫剂

泡沫剂俗称发泡剂。它是一种复合型表面活性剂，可在加水稀释后经发泡机制备成泡沫。泡沫加入水泥浆后，经水泥浆硬化后将泡沫固定，在硬化体中形成大量的直径小于1mm的微细泡孔。

衡量泡沫剂质量优劣的评判标准有以下几个方面：

1. 发泡倍数

它表征的是泡沫剂的发泡能力，即泡沫量。大多数泡沫剂的发泡倍数为17～25倍，个别超过40倍。其发泡倍数越大，泡沫剂用量越少，使用成本越低。它影响的是泡沫混凝土的成本，并不影响泡沫混凝土的质量。

2. 泡沫稳定性

泡沫稳定性表征的是泡沫在水泥浆中的稳定性，即保泡能力。泡沫加量多少并不等同于最终的成孔量。因为一部分泡沫在进入水泥浆后，受物理作用的影响（如搅拌摩擦力、泵送摩擦力的影响）和化学作用的影响（如各种浆体成分对泡沫的影响），泡沫会破灭，造成消泡。正常情况下，高稳定性的泡沫剂所制的泡沫，消泡率为3%～5%；而稳定性差的泡沫剂所制的泡沫，消泡率则会在10%以上，最高达60%～70%。

泡沫稳定性对泡沫混凝土的影响如下：

（1）影响泡沫混凝土的生产成本。稳定性越差，泡沫用量越大，成本越高。

（2）影响浆体浇筑物的稳定性。消泡会引起浆体下沉，即塌模，使浇筑失败，浇筑层下部的密度大，形成上下密度差。

（3）影响泡沫混凝土的孔结构。泡沫稳定性差，会形成失烂孔与连通孔，使泡沫混凝土的孔结构变差，导热系数变大，保温隔热性下降。

泡沫稳定性可以用四项技术指标表征：泡沫1h沉降距、泡沫1h泌水率、泡沫混凝土浆体固化沉降率、泡沫混凝土的孔结构。

① 泡沫1h沉降距即泡沫放入泡沫测定仪的测量筒内刮平，其1h后的泡沫沉降的距离。行业标准《泡沫混凝土用泡沫剂》（JC/T 2199—2013）规定的指标是：一等品应不大于50mm，合格品应不大于70mm，

沉降距越大，泡沫越不稳定，消泡越多。

② 泡沫 1h 泌水率即泡沫放入泡沫测定仪的测量筒内刮平，其 1h 后泡沫泌出的水量与泡沫总质量的比率。它表征泡沫在空气中的消泡量，即 1h 内测量筒内的泡沫有多少破灭。因为泡壁就是水膜，泡沫的质量近似于生成这些泡沫的泡沫剂稀释液的质量。泌水率越大，消泡越多，泡沫越不稳定，说明泡沫剂质量越差。行业标准规定的泌水率指标：一等品泡沫剂不大于 70%，合格品泡沫剂不大于 80%。

③ 泡沫混凝土浆体固化沉降率即制成的泡沫混凝土浆体，60s 内装满边长 100mm 的立方体模，刮平，静置，待泡沫混凝土固化后，料浆凹面最低点与模具上平面之间的距离与试模边长的比率。它表征的实际是泡沫在水泥浆中的稳定性，具体表现为消泡量。泡沫破灭消失得越多，浆体沉降率越大，反映出泡沫越不稳定，证明泡沫剂稳泡性越差。行业标准规定，一等品泡沫剂的沉降率≤5%，合格品沉降率≤8%。

④ 泡沫混凝土的孔结构。

上述标准由于历史局限性，目前暂没有规定这方面技术指标，但它也异常重要。它能间接反映出泡沫剂的质量优劣。

泡沫混凝土气孔的直径能间接反映气泡的大小，气孔直径越大，泡沫混凝土的导热系数越大，强度越小。所以，气孔越细小越好，理想的气孔直径最好为纳米级，但是目前还做不到。目前技术上能实现的气孔直径为 100～200μm，而大多数泡沫剂所制泡沫形成的泡沫混凝土气孔的直径均大于 300μm，有些甚至 1mm 以上，这些都是不合格的、劣质的。

泡沫混凝土气孔的均匀性：气孔越均匀，大小越趋于一致。没有大孔，泡沫混凝土的导热系数越低，抗压强度越高，反之，气孔大的大、小的小，不均匀，则为不合格气孔，也间接反映出泡沫剂不合标准，技术要求是均匀度应达到 95% 以上。

泡沫混凝土气孔的闭孔率：泡沫混凝土的气孔分开孔和闭孔。开孔的气孔空气流通，气孔不完整，属于破孔、连通孔，造成导热系数高，抗压强度低，为不合格气孔。所以，泡沫混凝土的气孔，闭孔率越高越好，技术要求闭孔率大于 95%。

上述泡沫混凝土的技术要求，仅对普通泡沫混凝土而言，而固废泡沫混凝土对泡沫剂的要求比普通泡沫混凝土更高，泡沫剂除了满足上述要求以外，还要满足下述三个要求：

（1）在超高固废掺量下，仍有良好的稳泡性

固废的加入，肯定会影响泡沫混凝土的凝结。其掺量越大，泡沫混凝土凝结越慢，这就要求用于固废尤其是超高掺量固废（固废掺量大于

40%）时，泡沫仍不会破坏，浆体的1h沉降率仍小于1%，这是很难做到的。

（2）泡沫剂对活化剂具有良好的适应性

固废泡沫混凝土中，由于加入大量的活化剂和生石灰，浆体的pH值较高，这与普通泡沫混凝土有较大的不同。这就要求泡沫剂能够对活化剂和生石灰有良好的适应性，在高pH值情况下，泡沫仍可在浆体中稳定地存在，不会消泡，不会形成连通孔，浆体不沉陷。

（3）泡沫剂本身对固废有一定的活化作用

除了适用于活化剂，要求用于固废泡沫混凝土的泡沫剂本身对固废有一定的活化作用。也就是说，泡沫剂既可发泡，又能活化固废，它含有一定量的活化成分，或泡沫剂的成分本身也是活化剂。

华泰公司为了适应高掺量固废泡沫混凝土对超高稳定性泡沫剂的需要，花了几年时间，研发出固废泡沫混凝土专用GF系列发泡剂。该系列发泡剂特别适应高掺量固废的技术特征，具有以下专有的典型高性能。

① 超高发泡倍数，用量少

GF系列专用泡沫剂的发泡倍数大于30，具有大泡沫量，高稀释倍数，在稀释60～100倍的情况下，泡沫性能仍能保持优异。所以，这种泡沫剂用量小，使用成本低。

② 超高稳定性，高固废掺量不消泡

GF系列专用泡沫剂泡沫1h沉降距不大于1mm，1h泌水率小于20%，泡沫混凝土浆体在固废掺量50%时，沉降率小于1%，各项指标均远远超过行业标准相关规定的指标。达到高固废掺量时，不消泡，浆体不沉降，不塌模，不出现连通孔。

③ 优异的孔结构，赋予泡沫混凝土高性能

GF系列专用泡沫剂，泡沫细腻、均匀、坚韧，所形成的泡沫混凝土孔结构十分优异。气孔的孔径细小，只有100～200μm，气孔大小均匀，没有大孔、烂孔、连通孔，开孔率低于3%，闭孔率达97%以上。孔径范围很窄，绝大部分均在100～200μm。优异的孔结构，赋予泡沫混凝土高性能。600kg/m^{3}密度等级的泡沫混凝土，抗压强度最高可达5MPa，导热系数小于0.18W/(m·K)，吸水率低于15%，均达到行业最高水平。

④ 良好的使用性能

GF系列专用泡沫剂还具有良好的使用性能。它自含植物杀菌剂，长期保存不腐、不臭、不变质，低温5℃以下不凝胶、不沉淀、不分层，耐储存。另外，它具有优异的抗低温性能，零下5℃仍不会结冰，可保证负温下使用。

综上所述，GF系列专用泡沫剂达到了泡沫混凝土行业的最高水平。其主要技术指标如下：

泡沫1h沉降距≤1mm；

泡沫1h泌水率≤20%；

发泡倍数≥30倍；

浆体沉降率≤3%。

4.3 屋面保温隔热层的结构设计

4.3.1 两种结构形式的选择

这里的屋面是指平顶屋面。平顶屋面保温隔热设计主要解决防水找坡、排水、保温、隔热、结构承载等问题。它的结构一般有正置式防水结构（上防水）、倒置式防水结构（下防水）。正置式防水结构的防水层在保温层之上，其优点是防水效果好，防水施工方便，缺点是防水层受太阳暴晒，使用寿命短。目前，大多数泡沫混凝土保温隔热层采用正置式防水结构。倒置式防水结构的防水层在泡沫混凝土之下。其优点是防水层使用寿命长、耐老化，缺点是泡沫混凝土在防水层之上，由于没有防水层的保护，容易受潮吸水，降低保温隔热效果。

因此，从泡沫混凝土的特点来讲，平顶屋面保湿隔热层的结构，应该选择正置式防水结构，即防水层位于泡沫混凝土之上，使之能保护泡沫混凝土，延长保温层的寿命，提高保护层的保温隔热效果，同时有利于排水找坡。

4.3.2 泡沫混凝土正置式防水保温隔热结构

由于轻集料泡沫混凝土屋面正置式防水保温隔热结构，为行业内普遍采用的结构形式，其共分为五个结构层。对五个结构层具体介绍如下：

1. 基层

基层是指平顶屋面的主体结构层，一般为钢筋混凝土现浇屋面或屋面板。它是平顶屋面的主要受力承载结构。屋面荷载主要由这一结构层吸收并传递给建筑墙体。

2. 隔汽层

隔汽层是混凝土屋面结构层之一，一般为一层 1.5mm 厚的聚氨酯防水涂料。在严寒及寒冷地区，当屋面结构冷凝界面内侧实际具有的蒸汽渗透阻小于所需值时，其他地区当室内湿气有可能透过屋面结构进入保温层时，应设置隔汽层。因为一旦室内湿气渗入泡沫混凝土，保温效果就会下降。所以应在混凝土屋面基层上加设一层隔汽层，以阻挡室内湿气。

3. 聚苯颗粒泡沫混凝土保温隔热找坡层

它是最主要的一个结构层，具有两个功能，一个是保温隔热，另一个是找坡，使屋面形成3%的坡度，以利屋面排水。这一结构层的厚度一般为 150～300mm。具体应根据当地节能要求计算设计。

4. 砂浆找平层

这一层是强度等级为 M5 的水泥砂浆，其配合比为水泥：中砂 =1：5。这一层的主要作用：一是保护泡沫混凝土，避免它遭到损害；二是找平，形成一个相对平整的界面，为下一层防水层的施工提供一个坚实的基层。

5. 屋面防水层

这一层由刚性防水层和柔性防水层中任选一种。刚性防水层可以是防水砂浆，即在砂浆内加入有机硅或脂肪酸防水剂和钢筋网。柔性防水层可以是防水卷材或防水涂料。一般多选用防水卷材，以 SBS 防水卷材或 APP 防水卷材居多。防水卷材防水效果好，施工方便。

泡沫混凝土企业一般只搞单项承包，并不进行整个屋面结构层的整体承包，即只承包泡沫混凝土保温隔热层的施工，这样比较方便，工艺相对简单。

4.3.3 废聚苯颗粒泡沫混凝土的性能设计

由于平顶屋面废聚苯颗粒泡沫混凝土是保温隔热的主体结构层，它的性能决定屋面保温隔热的成败，所以必须对其进行专业性能设计。

根据目前国内大多数相关工程的施工经验，其性能设计的具体参数如下：

绝干密度：400～500kg/m^3。

导热系数：0.1~0.14W/(m·K)。

抗压强度：2~5MPa。

传热系数：3.5W/(m^2·K)。

吸水率：≤15%。

抗冻融循环：≥15次。

4.4 废聚苯颗粒泡沫混凝土的配合比设计

4.4.1 主要原材料配比量

1. 复合轻集料NY-A

复合轻集料由废聚苯颗粒、废膨胀珍珠岩，活性固废微粉和外加剂组成。它的主要作用是降低泡沫混凝土密度，取代部分泡沫，抵抗泡沫混凝土的收缩，降低泡沫混凝土的导热系数。它的配比量决定泡沫混凝土的密度和性能。如果配比量过低，泡沫混凝土的密度太大，保温隔热效果差，保温隔热层就要加厚，而如果它的配比量过高，则泡沫混凝土的流动性能差，泵送也困难，给施工造成一定的难度，同时使泡沫混凝土的成本增加。综合泡沫混凝土的性能及成本考量，它的配比量按体积比应为泡沫混凝土浆体的70%左右，质量比的20%。

2. 水泥

水泥的主要作用是黏结轻集料为一个整体，并为泡沫形成气孔提供条件的同时形成泡沫混凝土的强度。它的配比量过低，则泡沫混凝土的强度达不到要求；配比量过大，则泡沫混凝土密度太大，且成本过高。水泥的成本占泡沫混凝土成本的70%以上，所以要充分考虑成本与泡沫混凝土性能的统一。二者兼顾，水泥的配比量应为泡沫混凝土质量比的80%。

3. 泡沫

泡沫的主要作用是降低泡沫混凝土的密度，提高泡沫混凝土的保温隔热性。它与废聚苯颗粒、膨胀珍珠岩是配合关系，其作用相同，有互补性。泡沫由于是微米级的，它主要在微观上形成混凝土的孔隙，填补轻集料颗粒之间的空隙，重点是让混凝土形成多孔性。轻集料的掺量越大，泡沫的量就越少。反之，轻集料的配比量小，泡沫就要增量。一般来说，它的配比量为浆体体积比的50%。

4.4.2 配合比示例

1. 高流动性配合比（设计干密度为400kg/m³）

本配合比适用于浇筑高度较大的工程。它要求浆体具有较大的流动性以便于远距离泵送，所以配合比中就要加入较大比例的泡沫，复合轻集料中的固废粉料应采用粉煤灰，因为粉煤灰和泡沫均可提高流动性，具体配合比如下：

复合轻集料 NY-A（应含有粉煤灰20%）体积比：50%。

泡沫体积比：40%。

水泥质量比：75%。

水料比：0.6。

2. 高抗缩性配合比（设计干密度为400kg/m³）

本配合比适用于浇筑高度较小（如1～3层低层住宅）的工程，但对工程的抗缩性要求较高。因此，配合比中可以提高轻集料的比例，从而降低泡沫的比例。因为泡沫越多，则干缩越大，轻集料越多，干缩越小。具体配合比如下：

复合轻集料 NY-A 体积比：65%。

泡沫体积比：30%。

水泥质量比：75%。

水料比：0.65。

3. 低成本、高流动性配合比（设计干密度400kg/m³）

本配合比适用于对工程强度要求不高，而要求成本较低，且浇筑高度较高，输送距离较远的工程。因此，在配合比中应少加对成本影响最大的水泥，而多加复合轻集料和泡沫。因为复合轻集料和泡沫的成本相对较低。具体配合比如下：

复合轻集料 NY-A 体积比：70%。

泡沫体积比：30%。

水泥质量比：60%。

水料比：0.6。

4.5 施工工艺

这里所说的施工工艺，一般是指轻集料泡沫混凝土保温隔热层的施工工艺，而不是整个屋面结构层的施工工艺。泡沫混凝土企业一般不具备建筑结构主体的施工资质，而大多是分项单独承包屋面泡沫混凝土保温层的施工。所以，这里仅仅介绍这方面的施工工艺。

4.5.1 施工设备

1. 泡沫混凝土屋面保温层工程特点

仅就保温层来说，它的突出特点是工程量小。一栋大楼，几十层建筑面积，哪怕几十万平方米，而屋顶只有一个，充其量几千平方米，最多超过 10000m^2。低层别墅，一栋楼的屋面仅几百平方米。屋面泡沫混凝土保温层的厚度，在南方地区，仅 150～200mm，在北方严寒及寒冷地区，为 300～400mm。这样看来，一个小区，即使屋面均采用泡沫混凝土保温，屋面总建筑面积哪怕有几十万平方米，而泡沫混凝土工程量也仅一万多平立方米至几万立方米。从连年施工情况看，大多数屋面保温隔热工程，泡沫混凝土的工程量均为几千立方米，少数超过 10000m^3。在农村，一个工程屋面泡沫混凝土的施工量大多数情况下都只有几百平方米，折合体积也仅几十立方米。

所以，不同于其他工程，屋面泡沫混凝土施工的典型特征就是工程分散、零碎，工程量一般均不大。

2. 适用设备的选择

根据上述泡沫混凝土屋面现浇工程特点的分析，由于工程量较小，所以不宜选用基础设施回填所用的大型现浇设备，而适宜选择产量在每 1h 30～50m^3，每 1d 能施工 2000～5000m^{2}的设备即可。另外，由于本工艺的配比中掺用了大量的废聚苯颗粒，其粒度为 3～8mm，有些泵送设备不能用，如螺杆浆泵、隔膜泵等，所以，还要在设备选型时适当考虑其泵送性能。

适合上述技术要求的现浇设备，是华泰公司研发生产的 HT-80 型系列现浇机组。

该机组有两种型号备选。一种是半自动型 HT-80 电控型（四变频控制）泡沫混凝土机现浇机组，另一种是全自动智能控制型泡沫混凝土现浇机组。

两种机组的浇筑性能、产量、泵送高度及泵送距离相同，但整机容量及控制方式不同。由于半自动电控型多用两个工人，人工成本高，且人工控制易出现人为误差，所以如今大多数企业多选择全自动智能控制型。鉴于此，这里就不再介绍半自动电控型，仅介绍全自动智能控制型，并推荐优先选用。

HT-80 全自动智能控制型现浇机组的特点：

（1）PLC 编程智能控制，高度自动化，操作仅需两名操作工；

（2）可实现泡沫混凝土密度的精确控制，配合比由电脑输出，减小人工配比误差；

（3）各种原材料自动称量，自动上料；

（4）加料瞬时和累计流量会自动显示；

（5）产量高，每 1h 可浇筑 25 ~ 30m^3；

（6）送浆体能力强，泵送高度可达 120m，泵送水平距离大于 800m；

（7）可输送轻集料浆。当轻集料粒度 5 ~ 8mm 时仍可顺利泵送，不堵泵。

HT-80 全自动智能型现浇机组的具体参数如下：

浇筑量：25 ~ 30m^3/h。

泵送高度：120m。

泵送水平距离：大于 800m。

整机功率：47kW。

整机质量（主机）：2000kg。

4.5.2 施工工艺

废聚苯颗粒轻集料泡沫混凝土屋面保温隔热层的施工，原来采用简易的小型现浇机，生产工艺复杂，人工成本较高，产量也比较低。现在，由于工艺及设备的成熟和进步，其施工已经实现了自动化，工艺流程就变得十分简单，工人按电钮启动设备，一切都自动完成，重体力劳动已不是很多。其大致工艺过程如下：

（1）场地清理，为设备入场腾出位置，清出道路。

（2）将全套机组运达预定位置，并试机调试，保证设备完好，能够顺利运转。最好用清水试机，检查配料上料、搅拌、泵送是否正常。

（3）物料运输到位，备料量应至少满足当天需求，有条件时应备齐 3 ~ 7d 物料量，满足供应。

（4）试机泡沫混凝土。根据设计的泡沫混凝土密度或施工要求，按配合比手工制作一批试块，以确定泡沫和集料的准确掺加量，以及浆体的稠度和流动性。检查当天水质硬度是否影响泡沫稳定性。根据试配结果调整配合比设计。

（5）基层准备工作。把屋面基层上的尘土清除，喷洒清水2～3遍，让基层提前润湿，减少浇筑后对泡沫混凝土水分的吸附。每次洒水后要等第二天水消去，再洒下一遍，浇筑前屋面不得有明水。

（6）涂刷一道素水泥浆，增大基层与泡沫混凝土的界面结合力。素水泥浆的水灰比通常为0.6。

（7）设置标高，按照泡沫混凝土层的设计厚度，用水准仪标识高度，再拉线，冲筋。若设计无规定坡度值，坡度值可按照1%～3%设定。

（8）若坡度超过3%，坡面浆体不易存留，找坡困难时，应像修梯田那样，沿坡面横向设置挡浆条。挡浆条可使用砖头或板。

（9）各项准备工作做好后，启动现浇机，制浆浇筑。浇筑时屋面应留1～2人，用刮板将泡沫混凝土浆按照规定坡度刮平。若浇筑厚度超过200mm，一次无法完成规定厚度，可分多次浇筑。等第一次浇筑层硬化后浇筑第二次。第二次浇筑前，应先将第一次浇筑的泡沫混凝土面层洒水润湿。

（10）浇筑面凝结硬化前不得上人走动和进行其他施工，一般应硬化2～3d，才可进行下道工序的施工。

（11）浇筑的浆体硬化后，可立即进行下一道保护层（找平层）施工，且不可间隔时间太久，以防泡沫混凝土干裂。

（12）伸缩缝与排气孔设置。在泡沫混凝土保温隔热层达到上人条件后，用切割机直接切割伸缩缝。伸缩缝间距应为6m×6m，切割宽度应为30～50mm，切割深度0～100mm，避免切伤结构层。如果跨度较小，可不增设排气道。排气道可兼具伸缩缝功能，无须另设伸缩缝，排气道内有适当粗细、周围钻孔的PVC管相连接。

图4-2为泡沫混凝土屋面保温层施工照片。

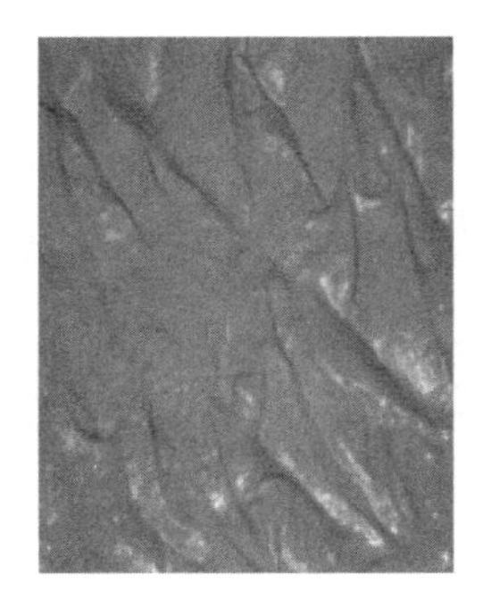

图4-2　泡沫混凝土屋面保温层施工照片

5 废聚氨酯泡沫复合轻集料楼地面垫层

5.1 废聚氨酯泡沫复合轻集料楼地面垫层简介

5.1.1 楼地面垫层的概念及作用

1. 楼地面垫层的概念

地面垫层是地面面层与基层之间的结构层。它的作用是加高、填充、找平、覆盖等。地面垫层分为普通地面垫层与楼地面垫层两种，普通地面垫层是位于地基土层与地面混凝土基层之间的结构层。楼地面垫层是楼板与楼地面基层之间的结构层。本章主要介绍楼地面垫层。

2. 楼地面垫层的作用

楼地面垫层的四个作用如下：

（1）加高。当楼层地面达不到设计标高时，各楼层为了统一标高，就需要对达不到标高的楼层地面进行加高增厚。

（2）填充。有些楼层为了结构设计或工艺的需要，有一些地方出现低凹不平的情况，这就需要对低凹部分进行填充。

（3）找平。有些楼地面不够平整，使下道工序特别是安装饰面板或饰面砖比较困难，这就需要用垫层找平。

（4）覆盖。许多楼地面安装有家用电器的各种线缆以及水管、燃气管等，需要用轻质混凝土覆盖保护，这也要用到地面垫层材料。

5.1.2 废聚氨酯泡沫复合轻集料楼地面垫层的优点

在我国，楼地面垫层经历从普通砂浆、炉渣混凝土、陶粒混凝土、轻集料泡沫混凝土四个发展阶段，技术正日益进步和完善。近年出现并开始推广应用的废聚氨酯泡沫颗粒复合轻集料泡沫混凝土楼地面垫层，应该是目前最具优势、技术最为完善的新一代轻质楼地面垫层。它的优势如下：

1. 轻质性最突出，密度最低

楼地面垫层不同于普通地面垫层，它涉及墙体的承重性。如果楼地面垫层密度太大，就会大大增加建筑自重和建筑荷载，使墙体的承重要求更高，加厚墙体及增大建筑成本。若楼地面垫层密度较大，建筑荷载就较大，建筑抗震性及安全性就较差。所以楼地面垫层最主要的技术要求就是轻质性，在保证使用强度的情况下，越轻越好。地面垫层的发展历程就是一个逐渐轻质化的过程。废聚氨酯泡沫复合轻集料垫层是密度最低的一种优质垫层。下面是历代楼地面垫层材料的密度对比。

第一代（20 世纪 40—50 年代）：砂浆或细石混凝土，2000 ~ 2300kg/m^3。

第二代（20 世纪 60—80 年代）：炉渣混凝土，1500 ~ 1800kg/m^3。

第三代（20 世纪 90 年代至 21 世纪初）：陶粒混凝土，800 ~ 1200kg/m^3。

第四代（21 世纪初至今）：废聚氨酯泡沫复合轻集料混凝土，300 ~ 800kg/m^3。

2. 良好的使用强度，轻质而高强

地面垫层出于荷载的需要，对抗压强度有一定的要求。轻质混凝土强度普遍较低，做到轻质与高强的统一是具有较大难度的。废聚氨酯轻质泡沫复合轻集料垫层另一个突出的特点就是可以实现既轻质又高强，在干密度为 300 ~ 800kg/m^{3}的技术要求下，仍具有理想的抗压强度，为 2 ~ 6MPa，这是其他轻质混凝土很难实现的。

3. 造价低，具有良好的性价比

由于废聚氨酯泡沫不花钱就可得到，而且泡沫混凝土所使用的泡沫也十分廉价，1m^{3}泡沫混凝土仅需泡沫剂 2 ~ 4 元。所以，废聚氨酯泡沫复合轻集料垫层的造价比较低，具有水泥用量少、混凝土成本低的优点，容易被工程接受和推广。

4. 绿色环保，利废率高

本地面垫层材料主要以废聚氨酯泡沫和珍珠岩废细粉为主，占体积比的 70% 左右，利废率高于其他垫层，具有绿色环保的特点，符合绿色建筑的发展方向，值得提倡。

5.2 废聚氨酯泡沫复合轻集料地面垫层设计

5.2.1 结构设计

本结构共分四层：楼板基层、顶棚装饰层、垫层、面层。各层具体

功能如下。

1. 楼板基层

楼板基层是其他各层的基础。它的主要功能是承接建筑楼层上的各种荷载。它可以是整浇混凝土楼板基层，也可以是预制混凝土楼板基层。

2. 顶棚装饰层

在楼板基层之下是楼层顶棚的粉刷装饰层。该层很薄，一般只有几毫米。它大多为附加涂层，也可以作为吊顶装饰物来使用。

3. 垫层

垫层位于楼板基层之上。它的厚度一般为10~20cm，局部可达几十厘米。这一层的主要功能是加高、填充、找平、覆盖，兼具隔声。它的材料一般为轻质混凝土，现在多为废聚氨酯泡沫复合轻集料泡沫混凝土，其干密度为500~850kg/m^3。

4. 面层

面层即地面层。如果没有顶棚装饰层，这一层可以为混凝土或砂浆地面。如果有装饰层，这一层多为瓷砖或木地板。这一层的主要功能是为保护垫层和顶棚装饰。

5.2.2 垫层性能设计

废聚氨酯泡沫复合轻集料垫层目前尚没有国家或者行业标准，唯一可参考的标准为华北地区建筑设计标准化办公室（以下简称华北标办）编制的协会标准，可参照《建筑构造通用图集》工程做法“干拌复合轻集料混凝土垫层”，替换陶粒混凝土垫层做法。目前，从事废聚氨酯泡沫复合轻集料地面垫层工程施工的企业，其垫层轻集料混凝土性能的设计和施工工艺，均参考该标准图集。现将相关规定介绍如下。

1. 推广这一做法的目的

北京市等城市已限制使用黏土陶粒、页岩陶粒，实际上市场上已无陶粒供应。这就给陶粒轻集料地面垫层的施工带来无料可用的困境。为克服这一困难，现推广应用一种干拌复合轻集料混凝土垫层（简称“复合轻集料垫层”）代替陶粒混凝土。此干拌复合轻集料在现场加水搅拌即可施工，具有使用方便快捷、造价低廉，性能可满足楼地面垫层的要求等优势。

2. 密度设计

华北标办编制的《工程做法》08BJ 系列图集等图集中各楼面垫层中陶粒混凝土密度是按1800kg/m³计算的。这里，楼面垫层换用B型干拌复合轻集料垫层后，密度按≤850kg/m³计算，各楼面做法的静荷载已做修改。

3. 干拌复合轻集料的概念

干拌复合轻集料是一种预拌生产的垫层材料，由水泥、粉煤灰和外加剂经工厂制成的均匀干拌粉料；复合轻集料是由破碎的废聚氨酯颗粒与无机胶凝材料复合而成的。在施工现场，将预拌垫层粉料和水搅拌为浆体，经浇筑成型，硬化后形成楼面垫层。

复合轻集料垫层具有突出的轻质性，密度可由原来的陶粒混凝土垫层的1800kg/m³降到850kg/m³以下，且具有施工方便、不需现场配料、生产工艺简单、施工现场干净卫生等优点。层面可以承重，可以按使用要求铺设排水坡度，大大方便了设计和施工。

4. 复合轻集料垫层的性能设计

复合轻集料垫层的性能设计请参照表 5-1 执行。

表 5-1　干拌复合轻集料混凝土垫层的性能指标

项目	单位	指标	
		A 型（用于屋面找坡层或者抗压强度要求≤1.0MPa 的楼面）	B 型（用于楼面或者屋面垫层）
干密度	kg/m³	≤600	≤850
抗压强度	MPa	≥1.5	≥3.0
导热系数	W/(m·K)	≤0.1	≤0.25

注：垫层大多使用 B 型。

5.3　垫层的主要原材料

垫层的主要原材料是干拌复合轻集料、泡沫和水。本节重点介绍干拌复合轻集料。

5.3.1　JA 系列干拌复合轻集料

JA 系列干拌复合轻集料是本项目的核心原料。下面介绍它的材料组成。

1. 废硬泡聚氨酯颗粒

本颗粒由废硬泡聚氨酯粉碎制取。

硬质聚氨酯泡沫简称硬泡聚氨酯或聚氨酯硬泡。它是异氰酸酯和多元醇经混合后发泡硬化而成的微孔泡沫塑料轻质材料，具有一定硬度。与其他泡沫塑料相比，它的主要特点是：

（1）产品性能更为优异

和其他泡沫塑料相比，它最突出的优点是导热系数低、保温性能好。其导热系数仅为0.018～0.022W/(m·K)。

另外，它的密度比较低，每$1m^3$只有30～40kg/m^3，加入混凝土可代替泡沫，降低混凝土密度。密度低是它用于垫层的主要原因。

（2）难以综合利用

由于硬泡聚氨酯不能再生利用，废弃后无人回收，造成废硬泡聚氨酯失去利用价值，只能填埋。所以，硬泡聚氨酯的废弃物至今的回收利用率几乎为零。这是它的重大缺陷。

它的这一缺陷恰恰为它在垫层中的应用创造了条件。正常的回收利用方法大多是从再生塑料的角度考虑，所以找不到出路。而这里主要不是利用它的化学性能，而是利用它的物理性能（轻质、多孔），就为它找到了出路。平常无人用，造成大量积存，可免费供应。有些聚氨酯硬泡保温板厂，由于切割下来的废料无法处理，甚至鼓励人们免费拉走，还给予利用补贴。所以，垫层用硬泡聚氨酯不愁货源，各地垃圾场大量存在，各泡沫聚氨酯制品厂有大量废料。

废硬泡聚氨酯收购来后，可以用泡沫塑料粉碎机进行粉碎，制成废硬泡聚氨酯颗粒。颗粒的粒度可控制为3～8mm，呈不规则形。

废硬泡聚氨酯颗粒可作为干拌复合轻集料的主料，它在复合轻集料中的作用有三个：

（1）降低垫层混凝土的密度

由于废硬泡聚氨酯的颗粒很轻，粉碎前的块状硬泡聚氨酯虽然为30～40kg/m^3，在粉碎成颗粒后，其堆积密度仅为20～25kg/m^3，属于轻集料，约为陶粒堆积密度（500～800kg/m^3）的二三十分之一。它十分适合用于垫层混凝土，可大幅度降低垫层材料的密度。

（2）降低泡沫剂用量

泡沫和硬泡聚氨酯的作用相同，都可降低混凝土密度，在效果上却有差别。泡沫降低混凝土密度的同时会增加干缩，而硬泡聚氨酯则可在降低混凝土密度的同时控制干缩，优点比泡沫多。所以使用硬泡聚氨酯，可以取代泡沫而达到相同密度，取得更好的效果。

（3）作为泡沫混凝土的主要轻集料，与珍珠岩废粉配合，抵抗干缩，减少泡沫混凝土的开裂，进而提高泡沫混凝土的强度，弥补泡沫混凝土因没有集料而干缩较大，容易出现裂纹的不足。

2. 膨胀珍珠岩

（1）膨胀珍珠岩的性能

珍珠岩是一种天然酸性玻璃质火山熔岩，由于在1000～1300℃高温条件下，体积迅速膨胀4～30倍，故统称膨胀后的产品为膨胀珍珠岩。一般要求天然岩石膨胀7～10倍，$SiO_2$70%左右。不用选矿，开采后将岩石粉碎为小颗粒，筛分后烧胀即为成品。

其常温导热系数0.025～0.048W/(m·K)，最高使用温度为800℃。

膨胀珍珠岩一般为开孔，因而吸水率较高，可达自重的3倍。

（2）质量要求

堆积密度：90～120kg/m^3。

质量含水量：2%。

粒度：5mm筛筛余为2%。

（3）作用

膨胀珍珠岩在复合轻集料中的作用有以下两个：

① 配合聚氨酯颗粒，组成复合轻集料

聚氨酯颗粒的粒度较大，而膨胀珍珠岩的粒度较小，两者可以组成级配，膨胀珍珠岩可以填充聚氨酯颗粒的空隙，强化轻集料的作用。

② 给予泡沫混凝土自养功能

膨胀珍珠岩由于吸水量是其自重的2～3倍，可以储存大量的水分，使泡沫混凝土产生自养功能，不会过快地干燥失水，进而抵抗干缩。这点可以与废聚氨酯颗粒形成互补。

3. 水泥

（1）在干拌复合轻集料中的作用

水泥在轻集料中的作用，主要是两点：

① 将轻集料胶结在一起，使它们成为一个整体。轻集料本来是结构松散的材料，必须有胶结材料将它们胶结为一个整体。水泥发挥的就是这个作用。

② 为泡沫混凝土提供强度。泡沫混凝土的强度主要来自水泥。水泥用量的多少，对泡沫混凝土的强度发挥起着重要作用。

（2）对水泥的要求

① 选用强度等级 42.5 级普通硅酸盐水泥。早强型更好，有利于稳泡。

② 初凝大于 30min，终凝小于 4h。

③ 细度要求其比表面积≥350m^2/kg。

④ 出厂时间不超过 3 个月。

4. 外加剂

复合轻集料中含有的外加剂主要有稳泡剂（粉体）、增稠剂、促凝剂、粉煤灰活化剂等。

（1）稳泡剂

稳泡剂的主要作用是增加泡沫的稳定性，减少泡沫加入水泥浆体后的消泡。由于它要和轻集料及水泥混合，所以必须是固体粉末。

（2）增稠剂

增稠剂的主要作用是增加轻集料泡沫混凝土的黏度和稠度，避免轻集料在料浆中上漂浮造成浆体分层，应选用粉体型。

（3）促凝剂

促凝剂的作用是加快水泥的凝结速度，尤其是缩短其初凝时间。水泥的凝结速度越快，稳泡效果就越好，还可以缩短施工周期。所以，轻集料中要掺加一定量的促凝剂。

（4）粉煤灰活化剂

由于复合轻集料中需要加入一定量的粉煤灰（或矿渣微粉），所以，为了提高粉煤灰的活化速度和活化效果，就要掺加一定量的活化剂。

5. 粉煤灰及其他轻集料

复合干拌轻集料中，除水泥之外，还要掺加一定量的活性渣微粉，大多是掺加粉煤灰，也可以掺加矿渣微粉或其他活性渣微粉，如磷渣微粉、钢冶炼渣微粉、金银冶炼渣微粉等。

（1）掺加粉煤灰或其他活性渣微粉的主要作用如下：

① 增加浆体的黏稠度；

② 协助水泥，增加混凝土的强度，是辅助胶凝材料；

③ 粉煤灰有减水作用，可以降低浆体的水灰比；

④ 润滑作用，增加浆体的泵送性。

（2）对粉煤灰的质量要求

① 必须采用二级粉煤灰或磨细粉煤灰，原状三级灰不宜使用；

② 磨细粉煤灰，其比表面积应≥400m^2/kg；

③ 抗压强度比≥80%。

5.3.2 其他原材料

干拌复合轻集料浆体的主要原材料，除了干拌复合轻集料之外，只有泡沫剂和拌和水。

1. 泡沫剂

（1）泡沫剂的主要作用

① 降低混凝土的密度。和轻集料配合，两者共同作用，实现混凝土垫层的轻质型，使垫层达到设计密度。它比轻集料使用成本更低、更方便，使用一定量的泡沫剂，可以降低轻集料的用量。

② 增加浆体的流动性。泡沫的气泡有滚珠润滑效应，能提高浆体的流动性，可解决轻集料加入后流动性下降的不足，保证泡沫轻集料混凝土的顺利泵送，特别是远距离、大高度的泵送。

（2）对泡沫剂的要求

泡沫剂有粉体与液体两种。粉体泡沫剂是搅拌起泡，产泡量比液体泡沫剂低一半，使用成本高，故不宜选用。目前，广泛使用的均是液体复合泡沫剂，应该推荐使用华泰公司研发生产的 GF 系列泡沫剂，起泡性好，泡沫稳定，制成的泡沫混凝土泡孔细小、均匀、闭孔率高，应优先选用。

GF 系列泡沫剂性能指标如下：

泡沫 1h 沉降距：≤1mm。

泡沫 1h 泌水率：≤20%。

发泡倍率：≥40 倍。

浆体沉降率：≤3%。

2. 拌和水

干拌复合轻集料、泡沫、拌和水是本垫层混凝土浆体的三大基本材料。这里简单介绍一下水的基本要求。

（1）河水、井水、自来水，只要洁净无污染，原则上均可采用。

（2）水的硬度对泡沫的稳定性有一定影响。高硬度的水对泡沫的稳定性有负面影响，易造成消泡。所以，应尽量避免采用高硬度的水。

（3）水温对泡沫也有影响。相同的泡沫剂，水温较高时，发泡倍数增大，泡沫稳定性下降。而水温较低时，发泡倍数降低，但泡沫稳定性得以提高。这主要是水温会影响泡沫剂中表面活性剂的活性。水温过低时，应适当升温。一般要求水温不低于10℃。

5.4 垫层的浇筑工艺

5.4.1 浆体的配合比设计

由于干拌复合轻集料泡沫混凝土的原料比较简单，只有干拌复合轻集料、泡沫、水三种，所以其配合比设计比较简单。现简述如下：

1. 干拌复合轻集料的配比量设计

干拌复合轻集料是本配合比唯一的固体物质，它是垫层的主体原料。

干拌复合轻集料的用量对垫层用泡沫混凝土的影响有三个：

（1）决定材料的强度。其用量越大，强度越大。

（2）决定材料的密度。其用量越大，密度越大。

（3）决定浆体的稠度和泵送性。其用量越大，稠度越大，而泵送性越差，泵送越困难。根据其影响性，按设计要求，现配比量大致如下：

① A型垫层，干拌复合轻集料的配比量一般为480～540kg/m^3；

② B型垫层，干拌复合轻集料的配比量一般为700～780kg/m^3。

具体的配比量可进行试验后微调。

2. 泡沫的配比量设计

泡沫按体积计算，是楼面垫层浆料的第二大材料，主要在垫层硬化体中形成气孔，以降低材料的密度。

泡沫的配比量对垫层浆体及硬化体的影响也有三个：

（1）影响材料的强度。泡沫用量越大，强度越低。

（2）影响材料的密度。泡沫用量越大，材料的密度越低。

（3）影响垫层浆体的流动性、稠度、泵送性。泡沫用量越大，浆体的水灰比越大，稠度越小，泵送性越强。

根据泡沫对垫层硬化体材料及浆体的影响，按设计要求，其配比量如下：

（1）A型垫层泡沫的配比量：1m^3为0.5～0.6m^3；

（2）B型垫层泡沫的配比量：1m^3为0.35～0.4m^3。

本配比量已考虑了泡沫在搅拌及泵送时，因机械摩擦作用而造成的消泡率5%～10%。

具体的生产配比量，尚应通过现场实际检测结果而进行一些微调，本配合比仅供参考。

3. 水的配比量设计

水是本垫层浆体配制的三大基本原材料之一。它是水泥水化，使浆体最终硬化的基本条件。它对浆体硬化体的影响如下：

（1）影响垫层硬化体的混凝土强度。水料比越大，强度越低，水料比过小，水化不足，强度降低。

（2）影响浆体的稠度。水料比越大，稠度越小，则泵送性越强，水的配比量不足，则搅拌不均匀，泵送困难。

（3）影响泡沫的稳定性。水料比越大，泡沫越易加入浆中，消泡率越低，孔结构相对较好。水的加量不足，稠度过大，浆体摩擦力越大，消泡率越大。

考虑以上三个因素，水料比宜按如下要求选用：

（1）A 型垫层水料比：0.45～0.5；

（2）B 型垫层水料比：0.5～0.6。

4. 推荐配合比

为了便于在生产中的配合比设计和选择，现介绍两个配合比作为参考，仅供从事垫层施工的企业参考。

（1）A 型垫层参考配合比（$1m^3$浆体）

干拌复合轻集料密度：$500kg/m^3$。

泡沫：$0.5m^3$。

水料比：0.5。

（2）B 型垫层参考配合比

干拌复合轻集料密度：$750kg/m^3$。

泡沫：$0.4m^3$。

水料比：0.6。

5.4.2 浇筑设备选择

1. 浇筑成套设备的技术要求

干拌复合轻集料垫层，一层的厚度均在 50～200mm 之间，相对于路基回填工程，工程量是较小的。路桥工程回填工程，一般的工程量均在 3～10 万 m^3之间，个别达到 20 万 m^3以上。而垫层浇筑工程中单个工程量多为几千立方米，最多1～2万m^3。所以，它的工程呈现出小而散的特点。工程施工期较短，设备移动频繁，同时，它的混凝土浆体含有大量的轻集料，搅拌时易漂浮，泵送易堵泵，泵送比一般混凝土困难，也比普通的泡沫混凝土困难。

根据干拌轻集料垫层浇筑的这些特点，我们对其浇筑设备提出一些特殊的要求，具体要求如下：

（1）设备必须轻便，在变换施工地点时能够很快地装卸和移动，不能够太笨重，适宜小型化、轻型化。

（2）由于干拌轻集料在搅拌时容易上浮，不易与水泥浆混合，所以，搅拌浇筑机组所配备的搅拌机必须为卧式浆体式，能够将物料上下翻混，具有将轻集料下压的功能。搅拌机不能是立式圆周运动的。

（3）设备配置的输送泵必须具有输送轻集料的功能。由于本垫层的浆体中加有大量的聚氨酯硬泡颗粒，且颗粒较大，又易与浆体分离，产生堵泵现象，因此，要求所配备的浆体输送泵应具备泵送轻集料的功能，不能使用螺杆泵、隔膜泵等。

2. 浇筑成套设备的选择

根据上述设备要求，本垫层现浇最佳的设备选择方案，应选用HT-60泡沫混凝土成套装备。

（1）本装备的设备组成

本成套装备由上料机、搅拌机、主机组成。主机则由三部分构成，即发泡机、输送泵、总控台。

（2）本装备的技术参数

泵送高度：60m。

产量：12～15m^3/h。

水平输送距离：600m。

整机功率：10.6kW。

主机尺寸：1640mm×950mm×830mm。

搅拌机尺寸：1350mm×650mm×1100mm。

（3）本套装备的技术特点

① 自动化程度高，双变频自动控制，节省人工成本。主机转速大小可自主调节，自动搅拌，自动发泡，自动浇筑。

② 整机体积小，质量轻，移动方便，适于经常变更工地时设备的移动。

③ 生产能力强，每1h可浇筑12～15m^3。另有HT-80型，每1h可

浇筑 25 ~ 30m^3，可供备选。

④ 泵送功能强大，泵送高度可达 60m，泵送水平距离可达 600m。另有 HT-80 型，其泵送高度可达 120m，泵送水平距离可达 800m，可满足各种垫层工程浇筑的需要。

图 5-1 为 HT 系列成套装备。

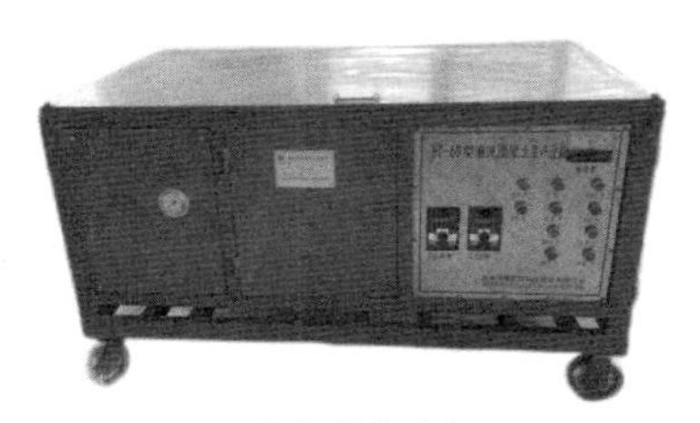

成套装备主机

BHT-80成套装备主机

成套装备

DHT18-Ⅱ成套装备主机

图 5-1　HT 系列成套装备

5.5　垫层的生产工艺

垫层的生产工艺并不复杂。其整个工艺过程仅包括生产准备、配料工艺、制浆搅拌、泵送浇筑、养护五个工艺阶段。其核心生产工艺就是制浆搅拌、泵送浇筑。这两个核心工艺决定其工艺的成败。

下面介绍五个生产工艺阶段。

5.5.1　生产准备

1. 材料准备

材料准备，其实也就是干拌复合轻集料的制备。因为，它并没有现成的，大多需要自己制备。制备工艺还必须与一些设备配套。如果你不想麻烦，也可以直接购置。如果自行配套，可按以下方法操作：

从聚氨酯硬泡制备厂或废品收购站或冰箱冰柜回收处购来硬泡聚氨酯，用清水冲洗掉泥土、晒干，再将其加入泡沫塑料粉碎机中粉碎为

3～8mm 颗粒，备用。

将粉碎后的硬泡聚氨酯与膨胀珍珠岩废粉混合均匀即为复合轻集料。再将混合好的复合轻集料加入无重力混合机或犁刀式混合机，与水泥、粉煤灰、外加剂等二次混合均匀制成干拌复合轻集料。

将干拌复合轻集料按规定量装入包装袋，运往工地，堆放在固定位置，备用。将发泡剂存放在指定位置，并做好遮阳防晒工作，备用。

2. 设备准备

将 HT-60 或 HT-80 成套装备运输到工地，安放在距离工作面较近的合适位置，连接好水电，然后进行试机，以保证设备的正常运转。

工地应有一定的防尘措施，在上料机位置，应放置必要的除尘装置，建议安装吸尘器。在搅拌机的上方，应有喷雾降尘设施，以保证工地清洁生产。

5.5.2　配料工艺

1. 原料计量

干拌复合轻集料以袋计量。其包装大小应根据每次的配料量确定。配料时只以袋计重，不再称量，以方便配料。由于干拌复合轻集料体积较大，现场计量不方便，所以，以袋计量是最佳方案。

泡沫以体积计量，不需配料，只需备好发泡剂即可。

水以计量泵定时计量，可设置自动控制。

2. 制备干拌复合轻集料浆体

在搅拌机中加入配比量二分之一的水，启动搅拌机，搅拌 5s，使搅拌筒的各个内壁都要湿润到位。

在螺旋上料机的加料斗中，加入干拌复合轻集料，在密闭状态下，按配比量向搅拌机中加入干拌复合轻集料。

在搅拌状态下，一边加入干拌复合轻集料，一边继续向搅拌机中加入剩余配比量的水。

搅拌 3min，制成干拌复合轻集料浆体。

5.5.3　制浆搅拌

干拌复合轻集料浆体制备完成后，启动发泡机，制备符合标准要求的泡沫，并通过泡沫输送胶管，按配比量向搅拌机中加入规定量的泡沫。泡沫加量可通过变频控制。

泡沫全部加入后，再继续搅拌3min，制成泡沫混凝土轻集料浆体。

5.5.4 泵送浇筑

制好泡沫混凝土轻集料浆体后，利用高差，将浆体卸入位于搅拌机下面的储浆机中，以便腾出搅拌机，使之开始下一次搅拌制浆。储浆机应安装慢速卧式搅拌轴，对浆体进行慢速搅拌，以防止轻集料在静止状态下的上浮。不断地搅拌，可使储浆机中的浆体始终保持均匀状态。

浆体卸入储浆机大约1/3体积时，即可开动浆体输送泵，从储浆机中抽取浆体，进行泵送浇筑。泵送时间应控制在5～6min，与搅拌周期基本相当。这样，当泵送结束时，搅拌机也已完成下一次搅拌，可以再次向储浆机内卸入浆体，保证了浇筑泵送的连续性。这样，虽然搅拌机的搅拌是间歇的，但泵送浇筑却是连续的，能够大大地提高功效。若没有储浆机，那么浇筑就不能连续。

一般在浇筑过程中可进行刮平整形，即一边浇筑，一边刮平整形。刮平整形可采用刮板人工进行。

浇筑过程中刮平的作用，主要是人工帮助浆体流平，防止局部浆体过厚。浇筑后的刮平，主要作用是使浆体厚度达到标高线。浇筑时，浆体可浇筑略微厚些，浇筑后将超过标高线部分刮掉即可。

5.5.5 养护

浆体浇筑平整以后，应保湿养护10天，保湿可采取以下措施：

（1）关闭门窗，保持室内湿度，防止风吹。风吹可造成浇筑面开裂；

（2）防止水分蒸发。其方法有三种：第一种方法是每天洒水一次（从浇筑第三天开始）；第二种方法是覆盖农膜保水；第三种方法是在表面硬化后，喷洒两遍养护剂。

6 大掺量粉煤灰泡沫混凝土

6.1 概述

6.1.1 泡沫混凝土利用粉煤灰的现状

泡沫混凝土利用固废制备，目前规模最大的就是粉煤灰，从 20 世纪 90 年代初，粉煤灰就开始用于泡沫混凝土，到 20 世纪末已初具规模，有 30% 左右的泡沫混凝土制品掺用了粉煤灰。目前，大约有 60% 的泡沫混凝土掺用了粉煤灰。目前，在泡沫混凝土制品中，粉煤灰的掺量为 10% ~30%，其中以 20% ~30% 居多，个别达到了 50%。就掺用方式来看，大部分为直接原状灰加入搅拌机，品种以Ⅱ级灰为主，Ⅰ级灰由于量少价格高，应用较少。Ⅲ级灰由于品质太差，实际应用也不多。经过高细粉磨或超细粉磨的粉煤灰也有少量应用，但由于这种灰加工企业甚少，所以应用不广泛。

目前，泡沫混凝土应用粉煤灰，其目的基本以取代部分水泥、减少水泥用量、降低生产成本为主，用于改善产品性能，提高产品质量的并不多。该应用从经济效益来讲，大约可以降低生产成本的 5% ~8%，还是比较明显的。

就应用领域来看，泡沫混凝土制品应用粉煤灰较多，集中于自保温砌块、隔墙板、外墙保温板、陶粒制品等方面，而泡沫混凝土现浇方式利用粉煤灰则不多。

就利用粉煤灰的企业类型来看，以规模较大的企业为主，规模越大，利用粉煤灰的积极性越高，利用技术就越先进。而小微企业由于技术力量不足，利用粉煤灰相对较少。

6.1.2 实现大掺量的努力方向

对泡沫混凝土行业来说，实现更大的掺量是利用粉煤灰的一个既定方向。企业也都会有这个积极性和心愿，主要是从节约水泥用量、降低生产成本的角度考虑。而行业协会则更多从泡沫混凝土的绿色化程度来考虑。大家形成的共识是，泡沫混凝土可以实现掺用率达 50% ~60%，比现在的20%～30%的掺用率提高近一倍。这方面的研究论文也较多，证明人们都在关注这一问题。如王武祥、李娟的《大掺量粉煤灰泡沫混凝土的性能研究》，初永杰的《大掺量粉煤灰泡沫混凝土的改性研究》，邱军付的《大掺量粉煤灰超轻泡沫混凝土的实验研究》等，大约有论文20多篇，而涉及粉煤灰泡沫混凝土的达300多篇。这足以证明，粉煤灰用于泡沫混凝土且向大掺量发展是一个大的趋势。

除了要向大掺量发展之外，泡沫混凝土利用粉煤灰还显示出以下趋势：

（1）使用目的已由单纯的降低水泥用量、降低生产成本，向改善泡沫混凝土的各项性能、提高产品质量为主要目的。这方面的研究及企业需求近年来已明显增多。有些企业已见到成效，掺用粉煤灰后，产品性能确实得到了改善。

（2）使用领域已由单一的制品扩大到泡沫混凝土现浇。近年来，有些现浇工程企业已开始在回填路基、回填废矿井及屋面保温层现浇等施工中掺用了粉煤灰。由于现浇企业占泡沫混凝土行业的多数，开始应用粉煤灰是一个可喜的变化，意味着该行业在向整体重视固废利用方向转型发展。

（3）使用粉煤灰的技术水平逐渐提高。几十年来，泡沫混凝土中掺加粉煤灰，始终是拿来原状灰就往搅拌机中直接加，不讲究方式方法及配合比的调整，技术水平较低。近年来，这种状况有所改变，人们开始应用磨细灰，也开始推广超细改性灰，在配合比设计中配套使用活化剂的开始增多。这些充分说明利用粉煤灰的技术水平已开始提升。今后，这方面还需引导与加强。本书的出版目的旨在发挥一些最基本的导向作用。

6.2 粉煤灰、水泥的选择及质量控制

粉煤灰掺量实现40%～60%，是指它在整个泡沫混凝土配合比中的配比量，而不是占水泥掺量的百分比。由于粉煤灰质轻，堆积密度只有750～850kg/m^3。在质量配比达到40%～60%时，体积比已相当大，已超过水泥的体积掺量。当然，这里所说的大掺量，是指在常温常压工艺的生产条件下的掺量。

要实现粉煤灰如此大掺量的应用，采用通常的生产工艺条件显然是不行的。若没有一些配套的技术措施，强行掺入大量的粉煤灰，会带来泡沫混凝土产品的急剧恶化，如强度大幅下降、吸水率升高、耐候性变

差等。所以，为实现大掺量粉煤灰，要采取一些必要的配套技术措施。这些技术措施是其能否实现大掺量的关键。

6.2.1 粉煤灰的选择及质量控制

原来粉煤灰掺量上不去，有一个原因就是粉煤灰、水泥这些主要原材料的质量控制不严格，比较随意。笔者在企业看到，人们对水泥的选择很不讲究，只选价格最低的，而不是选择品质高的，不管其什么品质，只要是水泥就用。对粉煤灰，更不讲究，不在乎Ⅱ级、Ⅲ级，拉来就用。在这种情况下，很难保证粉煤灰的大掺量。如果原材料本身就不合格、品质差，就很难用这些原材料生产出大掺量粉煤灰泡沫混凝土。

所以，大掺量粉煤灰泡沫混凝土的生产，首先要考虑粉煤灰和水泥的质量，尤其是粉煤灰。假如你选用Ⅲ级粉煤灰，不管用什么办法，也实现不了大掺量。

1. 品种选择

大掺量粉煤灰泡沫混凝土，所选用粉煤灰必须是Ⅱ级粉煤灰或者磨细灰，不宜选用Ⅲ级原状灰。若是Ⅲ级原状灰，必须用高细球磨机加入助磨剂，进行高细或超细粉磨。Ⅰ级粉煤灰由于价格过高、产量少，不建议选用。按粉煤灰的品质，由高到低的优选顺序是超细粉煤灰→高细粉煤灰→普通粉煤灰（Ⅱ级灰）。

2. 质量要求

如果采用Ⅱ级粉煤灰，其品质必须达到国家标准《用于水泥和混凝土中的粉煤灰》（GB/T 1596—2017）中的“拌制砂浆和混凝土用粉煤灰理化性能要求”所规定的各项性能指标，见表6-1。

表6-1 拌制砂浆和混凝土用粉煤灰理化性能要求

项目		理化性能要求		
		Ⅰ级	Ⅱ级	Ⅲ级
细度（45μm方孔筛筛余）/%	F类粉煤灰	≤12.0	≤30.0	≤45.0
	C类粉煤灰			
需水量比/%	F类粉煤灰	≤95	≤105	≤115
	C类粉煤灰			
烧失量（Loss）/%	F类粉煤灰	≤5.0	≤8.0	≤10.0
	C类粉煤灰			

续表

项目		理化性能要求		
		Ⅰ级	Ⅱ级	Ⅲ级
含水量/%	F类粉煤灰	≤1.0		
	C类粉煤灰			
三氧化硫（SO_3）质量分数/%	F类粉煤灰	≤3.0		
	C类粉煤灰			
游离氧化钙（f-CaO）质量分数/%	F类粉煤灰	≤1.0		
	C类粉煤灰	≤4.0		
二氧化硅（SiO_2）、三氧化二铝（Al_2O_3）和三氧化二铁（Fe_2O_3）总质量分数/%	F类粉煤灰	≥70.0		
	C类粉煤灰	≥50.0		
密度/(g/cm^3)	F类粉煤灰	≤2.6		
	C类粉煤灰			
安定性(雷氏法)/mm	F类粉煤灰	≤5.0		
	C类粉煤灰			
强度活性指数/%	F类粉煤灰	≥70.0		
	C类粉煤灰			

其中，细度、需水量比、烧失量、强度活性指数这四项技术指标应作为重点项目予以控制。尤其是强度活化指数小于70%的粉煤灰，就不能在泡沫混凝土中使用。

如果采用市场上供应的分选灰或磨细灰，其品质相当于Ⅱ级灰的，其技术指标可参照上述国家标准中Ⅱ级灰的有关规定进行控制和使用。

如果想要真正实现粉煤灰掺量达到40%～60%，建议自己建立粉煤灰粉磨车间，自产高细或超细粉煤灰。一般的分选灰或普通磨细灰，其细度相当于水泥（比表面积大约为350m^2/kg），还不是太细。若是达到高细（比表面积达到400～600m^2/kg）、超细（比表面积达到700～1200m^2/kg），那么粉煤灰的掺量可以大幅提升。因为粉煤灰的活性与其细度成正比，细度越好，其在泡沫混凝土中表现出来的强度就越高。研究表明，粉煤灰的细度若以比表面积表示，其比表面积每增加100m^2/kg，在混凝土中表现出来的抗压强度就能够提高0.5～1.5MPa。如果采用超细粉煤灰，设计强度不变，粉煤灰就可以多掺。采用比表面积700m^2/kg的超细粉煤灰，其掺量轻易可以达到40%～60%，而强度与低掺量30%的普通磨细灰相比，仍能保持不变。可见高细灰特别是超细灰，对大掺量粉煤灰泡沫混凝土有着重要的使用价值，远优于Ⅱ级粉煤灰与普通磨细粉煤灰。建议有条件的，一定要首选超细粉煤灰或高细粉煤灰。

在这里需要注意的是，有人担心超细粉煤灰的加工成本高，价格高，采用超细灰不经济，没有经济效益。现在，由于加工设备的技术进步，其实，超细灰的加工成本已经不太高，其市场售价也不高，这种担心已经没有必要。以现有的高性能超细粉磨系统（配备高性能选粉机），每粉磨1t超细灰，电耗仅为22kW，加上原料费及人工费、损耗等，其加工总成本不会超过100元/吨。目前，超细灰的市场售价为200元/t，而水泥的价格（42.5级）已超过500元/t。超细粉煤灰等量取代30%～40%的水泥用于泡沫混凝土时，其强度不降低，且超细粉煤灰的价格还不到水泥的1/2。若自行加工，只考虑成本费，其使用成本（100元/t）还不到普通硅酸盐水泥的1/4（水泥按500元/t计算），节约水泥所带来的经济效益还是十分可观的。这还没有考虑使用超细粉煤灰所带来的改善泡沫混凝土性能的效益。所以，笔者建议选用超细粉煤灰。

6.2.2 通用硅酸盐类水泥的选择及质量控制

水泥有不同的类型与品种，并不是所有的水泥都适用于大掺量固废泡沫混凝土。如果水泥品种选错了，将极大地影响固废在泡沫混凝土中的掺量。

要正确选择水泥，就要了解水泥的类型、品种，以及不同品种的特性。

1. 通用硅酸盐类水泥的不同特性

凡是以硅酸盐水泥熟料和适量石膏，以及规定量的固废混合材（粉煤灰、矿渣、石灰石粉等），混合粉磨而成的水泥，统称为通用硅酸盐类水泥。

通用硅酸盐类水泥按掺入量的固废混合料的种类及数量的不同，共分为六个品种，故称为六大通用硅酸盐类水泥。这六大水泥品种是硅酸盐水泥、普通硅酸盐水泥、矿渣硅酸盐水泥、火山灰质硅酸盐水泥、粉煤灰硅酸盐水泥、复合硅酸盐水泥。

硅酸盐水泥应掺入不大于5%的混合材（Ⅰ型不掺，纯熟料；Ⅱ型掺入5%的石灰石或粒化矿渣），品质最好。

普通硅酸盐水泥应掺入不超过20%的活性混合材（矿渣、粉煤灰等）。

矿渣硅酸盐水泥应掺入20%～70%矿渣（A型20%～50%、B型20%～70%）。

火山灰质硅酸盐水泥应掺入20%～40%的火山灰质混合材（火山灰等）。

粉煤灰硅酸盐水泥应掺入20% ~40%的粉煤灰混合材（粉煤灰）。

复合硅酸盐水泥应掺入20% ~50%两种以上活性混合材（矿渣、粉煤灰等）。

这六大通用水泥的材料具体组成在现行国家标准《通用硅酸盐水泥》（GB 175）中有详细的规定。表6-2是六大通用硅酸盐类水泥组分的具体内容。

表6-2　六大通用硅酸盐类水泥组分

品种	代号	熟料+石膏	粒化高炉矿渣	火山灰质混合材料	粉煤灰	石灰石
硅酸盐水泥	P·Ⅰ	100	—	—	—	—
	P·Ⅱ	≥95	≤5	—	—	—
		≥95	—	—	—	≤5
普通硅酸盐水泥	P·O	≥80且<95	>5且≤20			
矿渣硅酸盐水泥	P·S·A	≥50且<80	>20且≤50	—	—	—
	P·S·B	≥30且<50	>50且≤70			
火山灰质硅酸盐水泥	P·P	≥60且<80	—	>20且≤40	—	—
粉煤灰硅酸盐水泥	P·F	≥60且<80	—	—	>20且≤40	—
复合硅酸盐水泥	P·C	≥50且<80	>20且≤50			

从表6-2可以看出，六大通用硅酸盐类水泥虽然主要成分均是硅酸盐水泥熟料，没有什么差别，但是其掺用的混合材各不相同，而且掺量差别也很大。Ⅰ型硅酸盐水泥不加混合材，B型矿渣硅酸盐水泥，则加入了高达70%的矿渣。正因为各种通用硅酸盐类水泥掺入的混合材品种及掺量不同，它们的性能就呈现出不同的特点，有较大的差别。总体来看，加入混合材的品种越多，加入量越大，其早期强度就越差，水化就越慢，水泥的综合品质就越差。

六大通用硅酸盐类水泥的不同特性见表6-3

表6-3　六大通用硅酸盐类水泥的不同特性

水泥名称	优势	不足
硅酸盐水泥	（1）强度等级高； （2）快硬、早强； （3）抗冻性好，耐磨性和不透水性强	（1）水化热高； （2）抗水性差； （3）耐蚀性差
普通硅酸盐水泥	与硅酸盐水泥相比无根本区别，但有所改变： （1）早期强度增加率略有减小； （2）抗冻性、耐磨性稍有下降； （3）低温凝结时间有所延长； （4）抗硫酸盐侵蚀能力有所增强	

续表

水泥名称	优势	不足
矿渣硅酸盐水泥	（1）水化热低； （2）抗硫酸盐侵蚀能力强； （3）蒸汽养护有较好的效果； （4）耐热性比普通硅酸盐水泥高	（1）早期强度低，后期强度增长率大； （2）保水性差； （3）抗冻性差
火山灰质硅酸盐水泥	（1）保水性好； （2）水化热低； （3）抗硫酸盐侵蚀能力强	（1）早期强度低，后期强度增长率大； （2）需水量大，干缩性大； （3）抗冻性差
粉煤灰硅酸盐水泥	与火山灰质硅酸盐水泥相比： （1）水化热低； （2）抗硫酸盐侵蚀能力强； （3）后期强度发展好； （4）保水性好； （5）需水量及干缩率较低； （6）抗裂性较好	（1）早期强度增长率比矿渣水泥还低； （2）需水量大，干缩性大； （3）抗冻性差
复合硅酸盐水泥	（1）水化热低，不易热裂； （2）制品耐久性好； （3）抗干缩性优于矿渣硅酸盐水泥、粉煤灰硅酸盐水泥； （4）价格低	（1）干缩性略大于普通硅酸盐水泥； （2）后期强度略低

2. 通用硅酸盐类水泥的选择

根据上述对六大通用硅酸盐类水泥的特性分析，可以看出，其中一些水泥不适用于高掺量粉煤灰泡沫混凝土的生产。因为它们已经掺入了大量的固废混合材，无法再大量掺用粉煤灰。如矿渣硅酸盐水泥已掺入最高70%的矿渣；火山灰质硅酸盐水泥及粉煤灰硅酸盐水泥，也已掺入了最高达40%的火山灰或粉煤灰；复合硅酸盐水泥已掺入高达50%的矿渣、粉煤灰及其他固废。所以，这几种通用硅酸盐类水泥均不适用于大掺量粉煤灰泡沫混凝土。从优选的角度考虑，只能优选硅酸盐水泥（Ⅰ型、Ⅱ型均可）、普通硅酸盐两种水泥。鉴于硅酸盐水泥价格较高，且市场上很难买到，供应量较少，所以选用普通硅酸盐水泥最为合适，硅酸盐水泥可以作为优选品种。若特别强调粉煤灰的大掺量（如必须掺入60%），则最合适的水泥品种为Ⅰ型硅酸盐水泥。因为它没有掺入混合材，除了粉磨时加入4%左右的石膏缓凝剂外，96%均是水泥熟料，最有利于粉煤灰的大量掺入。下面总结通用硅酸盐类水泥的选择方法：

最优选：硅酸盐水泥Ⅰ型。

次优选：硅酸盐水泥Ⅱ型及普通硅酸盐水泥。

不宜选：矿渣硅酸盐水泥、火山灰质硅酸盐水泥、粉煤灰硅酸盐水泥、复合硅酸盐水泥。其中，最不宜选的为复合硅酸盐水泥。

通用硅酸盐类水泥按强度等级分为32.5级、42.5级、52.5级三个品种（硅酸盐水泥还有62.5级，不过市场上几乎见不到）。32.5级强度太差，大掺量粉煤灰泡沫混凝土不宜选用。宜选用的品种为42.5级和52.5级两种。从加大掺入粉煤灰的角度考虑，优选52.5级；从经济性考虑，宜选用42.5级。

通用硅酸盐类水泥的每个品种和强度级别，按初凝时间（凝结速度）分为普通型和早强型（R型）。早强R型凝结快，最适宜大掺量粉煤灰泡沫混凝土选用。

6.2.3 特种水泥品种及特点

特种水泥是相对于常用的六大通用硅酸盐类水泥而言的。之所以称为特种水泥，是因为它们不常用，而且性能特殊，与通用硅酸盐类水泥有很大的不同。特种水泥有二十多种，但是用于泡沫混凝土生产的，仅有氯氧镁水泥、硫氧镁水泥、快硬硫铝酸盐水泥三种。这里只重点介绍快硬硫铝酸盐水泥。

1. 快硬硫铝酸盐水泥简介

快硬硫铝酸盐水泥是目前我国应用最广、生产规模最大的特种水泥品种。它是以石灰石、铝矾石、石膏为原料，经1300~1350℃煅烧成无水硫铝酸钙和硅酸二钙为主要成分的、具有低碱、快硬、早强为特点的水泥品种。其强度以3d抗压强度表示，分为42.5、52.5、62.5、72.5四个等级。快硬硫铝酸盐水泥为我国独有的特种水泥品种，在泡沫混凝土制品生产中应用比较普遍。

2. 快硬硫铝酸盐水泥的特点

（1）快凝快硬。初凝30~40min，终凝40~60min，硬化至脱模强度仅3~5h，是常用水泥中凝结硬化最快的水泥品种之一。1d可达28d强度的60%，3d可达28d强度的86%。

（2）低碱性。它的pH值仅为10.5~11，比普通硅酸盐水泥低得多（普通硅酸盐水泥的pH值在13左右）。所以，它可以用玻璃纤维增强，不会产生碱腐蚀。

（3）抗渗性、抗冻性优于通用硅酸盐类水泥，抗渗等级高，负温可施工。

（4）不耐碳化。它的抗碳化能力较差，表面易风化，所以耐久性略差。

（5）不耐热。它的水化产物钙矾石含有32个结晶水，在150℃时，一部分结晶水就会受热后脱离，而使其分解。所以，它在150℃以上使用时，强度会受到一定的影响。但其结晶水脱离后仍会吸收回来，受热强度下降后，遇水强度仍会恢复。其他水泥则不具备这一强度可以恢复的特点。

（6）水化热容易集中，而易引起热裂。硅酸盐水泥的水化热仅为375~525J/g，快硬硫铝酸盐水泥的水化热高达450~550J/g。由于它水化速度极快，8~48h内热量就已大部分释放出来（硅酸盐水泥要48~72h），所以它的水化热集中释放，容易引起热裂、烧芯等问题，加入大量固废可克服这一缺陷。

（7）微膨胀。其28d自由膨胀率为0.05%~0.15%。这既有害，也有益。有害是指当其热集中产生热裂时，它的微膨胀性会加剧热裂。有益是指它的微膨胀性可降低干缩、抵消干缩开裂。

（8）强度持续增加。低碱度硫铝酸盐水泥强度会倒缩（因石膏含量较大）。而快硬硫铝酸盐水泥则由于石膏掺入少则不会出现强度倒缩的问题。它不但不倒缩，反而持续增长，半年后增长14%。所以，它有良好的强度储备。

（9）早期弹性模量与其强度同步增长，使其早期就具备较强的抗变形能力。所以它可以提前脱模，有利于模具周转。

（10）密度低于硅酸盐水泥5%~10%，具有质轻的优势。它的熟料密度一般为2.87~2.95g/cm^3，比硅酸盐水泥略低。

6.3 水泥的质量控制

6.3.1 通用硅酸盐类水泥的质量控制

通用硅酸盐类水泥的质量要求应参照现行国家标准《通用硅酸盐水泥》（GB 175）执行，并不得选用32.5级或32.5R级品种，该标准对通用硅酸盐类水泥的强度指标规定见表6-4。

除表6-4的强度指标规定，在选择通用硅酸盐类水泥时，还应注意以下两点：

（1）应尽量选择大厂名牌产品，水泥品质有保障。

（2）应选择那些富余强度高的水泥。富余强度越高越好，例如，42.5级普通硅酸盐水泥，虽然规定指标为42.5MPa，但有的厂实际强度值已达到47MPa以上，甚至接近50MPa。应优先选用这种水泥，因为它可以多掺固废。

表 6-4 通用硅酸盐类水泥的强度指标 MPa

品种	强度等级	抗压强度		抗折强度	
		3d	28d	3d	28d
硅酸盐水泥	42.5	≥17.0	≥42.5	≥3.5	≥6.5
	42.5R	≥22.0		≥4.0	
	52.5	≥23.0	≥52.5	≥4.0	≥7.0
	52.5R	≥27.0		≥5.0	
	62.5	≥28.0	≥62.5	≥5.0	≥8.0
	62.5R	≥32.0		≥5.5	
普通硅酸盐水泥	42.5	≥17.0	≥42.5	≥3.5	≥6.5
	42.5R	≥22.0		≥4.0	
	52.5	≥23.0	≥52.5	≥4.0	≥7.0
	52.5R	≥27.0		≥5.0	
矿渣硅酸盐水泥、火山灰质硅酸盐水泥、粉煤灰硅酸盐水泥	32.5	≥10.0	≥32.5	≥2.5	≥5.5
	32.5R	≥15.0		≥3.5	
	42.5	≥15.0	≥42.5	≥3.5	≥6.5
	42.5R	≥19.0		≥4.0	
	52.5	≥21.0	≥52.5	≥4.0	≥7.0
	52.5R	≥23.0		≥4.5	
复合硅酸盐水泥	42.5	≥15.0	≥42.5	≥3.5	≥6.5
	42.5R	≥19.0		≥4.0	
	52.5	≥21.0	≥52.5	≥4.0	≥7.0
	52.5R	≥23.0		≥4.0	

6.3.2 快硬硫铝酸盐的质量控制

1. 质量要求

快硬硫铝酸盐的质量要求见国家标准《硫铝酸盐水泥》（GB/T 20472—2006）中的相关规定。早在2003年，我国曾颁布建材行业标准《快硬硫铝酸盐水泥》（JC/T 933—2003）。但是，后来又出现低碱度硫铝酸盐水泥、自应力硫铝酸盐水泥等新品种，为了几种同类的水泥标准统一，国家才又将这几种水泥一并归入《硫铝酸盐水泥》（GB/T 20472—2006）中。所以，我们现在应按这一新标准执行。这一标准对快硬硫铝酸盐水泥的强度指标的规定见表6-5，对其物理性能及石灰石掺量的规定见表6-6。

表 6-5 快硬硫铝酸盐水泥的强度指标 MPa

强度等级	抗压强度			抗折强度		
	1d	3d	28d	1d	3d	28d
42.5	30.0	42.5	45.0	6.0	6.5	7.0
52.5	40.0	52.5	55.0	6.5	7.0	7.5
62.5	50.0	62.5	65.0	7.0	7.5	8.0
72.5	55.0	72.5	75.0	7.5	8.0	8.5

表 6-6 快硬硫铝酸盐水泥物理性能及石灰石掺量

项目			指标
比表面积/(m^2/kg)			350
凝结时间/min	初凝	≤	25
	终凝	≥	180
石灰石掺加量/%		≤	15

2. 使用快硬硫铝酸盐水泥的注意事项

（1）快硬硫铝酸盐水泥的防碳化措施

快硬硫铝酸盐水泥与六大通用硅酸盐类水泥相比，其主要缺点是不耐碳化。用其生产的泡沫混凝土表面容易碳化，失去强度，所以，使用快硬硫铝酸盐水泥要有配套的抗碳化技术措施，具体如下：

① 在快硬硫铝酸盐水泥中，加入 20% 左右的普通硅酸盐水泥。由于普通硅酸盐水泥比较耐碳化，所以加入一定量的普通硅酸盐水泥，可以提高它的抗碳化性能，降低表面碳化程度。

② 掺入一定量的石灰石粉、石英粉，也可以增强其抗碳化性能。但加入量不宜太大，一般以 5% ~10% 为宜。

③ 掺入 2% ~3% 的苯丙乳液，可以填充堵塞毛细孔，降低 CO_2 通过毛细孔的渗入量，也可降低它的碳化程度。

④ 制成品表面喷涂封闭剂，封闭毛细孔，减少 CO_2 的渗入通道。CO_2 渗入少，抗碳化性能自然会提高。

（2）快硬硫铝酸盐水泥的富水养护

快硬硫铝酸盐水泥的水化需水量，要比通用水泥高得多。通用硅酸盐类水泥的理论充分水化的需水量只有 20% ~25%，而快硬硫铝酸盐水泥则需要 42% ~45% 的水，几乎是通用硅酸盐类水泥的一倍。所以，使用快硬硫铝酸盐水泥应富水养护，保湿要到位。

（3）不可选用复合硫铝酸盐水泥

复合硫铝酸盐水泥已加入 40% 左右的活性或非活性混合材，已经无法大量掺用粉煤灰，所以不可选用。

6.4 其他辅助原材料

6.4.1 活化剂

活化剂全称为活性固废活化剂。它一般无法用于非活性的惰性废弃物如废石粉、尾矿粉、废陶瓷粉等，也不能用于农作物废弃物如秸秆、籽壳、锯末等。通常能够使用活化剂的固体废弃物有粉煤灰、钢渣、矿渣及其他有色金属冶炼渣、煅烧废黏土、烧石膏、浮石粉、高岭土、煅烧煤矸石、珍珠岩废粉等几十种。其中，它经常用于对粉煤灰的活化。

1. 活性剂原理

活性废渣都是经过600℃以上中高温工艺过程产生的一类固体物质。没有经过这种工艺过程的物质不可能具有活性。所谓的活性，是指活性固废的火山灰性，即它的成分在一定条件下可与钙反应生成水化硅酸钙与水化铝酸钙的能力。这一能力来源于固废在高温煅烧后，和矿物质共同熔融为浆液，而后又迅速冷却形成玻璃体。其玻璃体内含有大量的可溶性硅和铝。活性硅、铝为它的火山灰性能提供了物质条件。正是可溶性活性硅（SiO_2）、铝（Al_2O_3）与钙质和水反应，生成了水化硅酸钙（C-S-H）和水化铝酸钙（C-A-H）。活性固废中的玻璃体越多，火山灰效能就越强，活性就越高。

但是，由于活性固废中的玻璃体是保持高温液态结构排列方式的介稳结构，表现出较高的化学稳定性，很难在自然条件下显示出其硅、铝的活性。同时，玻璃体表面光滑致密，其网络结构又是牢固的 Si-O-Si 和 Si-O-Al，很难打破并释放出硅、铝的活性。要释放硅、铝的活性就必须借助一定的条件，即在活性固体中添加活化剂。活化剂凭着自己的强腐蚀性，破坏玻璃体表面的光滑性和致密性，使其表面产生缺陷，扩大与水的接触面积，暴露出新的反应表面，使玻璃体内的活性硅、铝显现出来。活化剂可以打断牢固的 Si-O-Si 及 Si-O-Al，使硅、铝的活性充分得以释放，加入到和钙、水的水化活动中，最终生成水化硅酸钙和水化铝酸钙。这一系列作用，若没有活化剂，根本没有实现的可能，所以，活化剂是火山灰效应得以发挥的重要条件。

也可以这样说，活化剂是活性固废玻璃体释放硅、铝活性的必要条件。

2. 活化剂的科学应用方法

活化剂的主要功能是促进活性硅、铝成分与钙质（生石灰）进行的水化反应，即硅钙反应和铝钙反应，生成更多的水化硅酸钙和水化铝酸钙。所以，活化剂是配合钙质（生石灰）发挥作用的。假如没有钙质存在，活化剂单独使用就失去了它的使用价值。如果单独使用活化剂，它即使能够从玻璃体中释放出活性硅、铝，因为没有钙质的存在，也无法生成硅酸盐和铝酸盐水化物。

因此，活化剂不能单独使用，它必须与生石灰的钙质共同作用。也就是说，使用活化剂的前提条件是配合使用生石灰（或熟石灰）。活化剂是增强生石灰的效果，而不能取代生石灰（或熟石灰）。生石灰除了为硅钙反应提供钙质，它所生成的强碱，也对玻璃体有溶蚀剥离作用，即也有活化作用。活化剂对玻璃体的溶蚀作用要强得多，所以，两者配合使用，溶蚀作用叠加，就会产生更为强大的溶蚀作用，即活化作用更强。活性固废在经过物理活化（超细粉磨）后，再加入活化剂，就会显示更强的活化作用。因为超细粉磨增大了反应表面积，使固废与活性剂反应的机会大大提高。如果不经过物理活化，直接加入活化剂对活性固废进行活化，效果就要大打折扣。所以，最理想的方式是采用活化剂化学活化与超细粉磨物理活化相结合。在物理活化后，再进行活性剂化学活化，效果更好。

3. YN-Ⅱ高效复合活化剂

YN-Ⅱ高效复合活化剂是华泰公司研发的一款广谱新型活化剂。它与普通活化剂相比，有以下几个优势：

（1）广谱。它的应用范围较广。很多活化剂大多只能适用于几种活性固废，而本剂则对适应的活性废渣品种没有限制，除用于粉煤灰外，其他各种活性固废均可使用。

（2）高效。本活化剂配合一定的活化工艺，显示出良好的活化效果。与不使用活化剂相比，它可以在使用量合理的情况下，提高掺有30%以上固废泡沫混凝土抗压强度10%～20%。

（3）用量少。不少活化剂品种，要达到理想的活化效果，就要加3%～5%，而本剂只需加2%～3%即有良好的活化效果。

本剂之所以具有上述广谱、高效、低用量的优势，是因为它不是通常采用的单一成分，而是采用四种不同的成分复合而成，相互弥补其缺陷，而又相互增效，所以比单一成分活化剂的效果有了较大的提高。

使用本剂时，配套使用10%～20%的生石灰，并对泡沫混凝土产品进行升温养护（最好采用蒸压养护）。同时，活性固废应超细粉磨，若采用半干压成型，加入活化剂的配合料则应经过轮碾处理。

6.4.2 生石灰

1. 生石灰的作用

生石灰是大掺量粉煤灰配合料中最主要的辅助材料之一，其重要性不次于活化剂，因为它是粉煤灰中活性硅、铝进行硅钙和铝钙反应的钙质的提供者。没有生石灰提供的钙质，粉煤灰即使有水热条件和活化剂，也不能进行水化反应生成硅酸盐和铝酸盐。所以，生石灰在粉煤灰的活化活动中发挥着极重要的作用。

除了提供钙质之外，生石灰（或熟石灰）在粉煤灰的活化反应中还有第二个作用。这个作用就是生石灰水化生成的氢氧化钙对粉煤灰玻璃体的溶蚀作用。由于氢氧化钙属于强碱，对玻璃体具有较强的腐蚀作用，使其表面不断地被溶蚀，暴露出活性硅铝，促使活性硅铝与钙质再进行硅钙和铝钙的水化反应。生石灰实际上既是钙质的提供者，又是辅助活化剂，可以较大地增强活化剂的活化作用。

2. 生石灰的质量要求

不同用途及应用范围的生石灰有着不同的技术要求。我国为此制定了多个有关生石灰的行业标准，如建材行业标准《建筑生石灰》（JC/T 479—2013），化工行业标准《工业氧化钙》（HG/T 4205—2011），以及建材行业标准《硅酸盐建筑制品用生石灰》（JC/T 621—2021）。大掺量粉煤灰泡沫混凝土中所应用的生石灰，与粉煤灰中的活性硅铝成分所进行的是硅钙、铝钙反应，其生成物主要是硅酸盐。所以这里所用的生石灰应参照建材行业标准《硅酸盐建筑制品用生石灰》（JC/T 621—2021）的质量要求进行。这一标准的有关规定见表6-7。

表6-7 硅酸盐建筑制品用生石灰的理化性能

项目		等级		
		Ⅰ级	Ⅱ级	Ⅲ级
A（CaO+MgO）/%		≥90	≥75	≥65
SiO_2/%		≤2	≤4	≤6
MgO/%	钙质生石灰	≤2	≤5	
	镁质生石灰	>5且≤10		

续表

项目	等级		
	Ⅰ级	Ⅱ级	Ⅲ级
石灰中的残余 CO_2/%	≤2	≤5	≤7
消化速度/min	≤15		
消化温度/℃	≥60		
产浆量/(L/10kg)	≥25		
未消化残渣/%	≤15	≤10	≤15
细度*/%	≤10		≤15

*仅适用于粉状生石灰。

注：加气混凝土及蒸压粉煤灰泡沫混凝土用生石灰的消解速度应为5～15min，消化温度应为60～90℃。

用于大掺量粉煤灰泡沫混凝土的生石灰，除满足上述标准提出的技术指标外，还应满足如下要求：

（1）产品应至少达到一等品的技术要求，CaO + MgO 的含量应大于75%，磨细的细度应小于15%；

（2）产品包装应内衬塑料薄膜，防止受潮，不可用普通编织袋包装；

（3）长期保存，已经受潮，且20%以上的MgO和CaO已转化成$Mg(OH)_2$和$Ca(OH)_2$者，不能再使用。

6.4.3 泡沫剂

1. 泡沫剂的技术要求

泡沫剂是泡沫混凝土产生泡沫和形成硬化体气孔的物质基础。泡沫剂俗称发泡剂，是一类表面活性物质的复合体系。它是生产泡沫混凝土的最重要原料之一。

大掺量粉煤灰泡沫混凝土与普通泡沫混凝土相比，有着凝结硬化速度慢、凝结硬化时间长、早期强度低的特点，这就要求泡沫混凝土所用泡沫剂应具有更为优良的性能，对泡沫剂的要求更高。它对泡沫剂的技术要求如下：

（1）泡沫剂应符合建材行业标准《泡沫混凝土用泡沫剂》（JC/T 2199—2013）中优等品的技术要求。

（2）应选用国内市场上质量最好的高档泡沫剂，中低档品牌不宜选用。

（3）泡沫剂所产生的泡沫应具有超高的稳定性，即使因大量掺用粉煤灰而使浆体凝结慢，也不会大量消泡。泡沫的稳泡时间要求长于料浆的初凝时间。

（4）泡沫剂所生成的泡沫应细小均匀，其泡径应处于 10～300μm 之间，一般不大于 300μm。泡沫越细越稳定，闭孔率越高，产品强度越高。所以，泡沫必须细小。

（5）泡沫剂对粉煤灰应有良好的适应性。

2. GF 系列泡沫剂的选用

GF 系列泡沫剂是华泰公司研发的一款超高稳定性泡沫剂，尤其适合浆体硬化慢、要求稳泡时间长的大掺量固废泡沫混凝土，值得优先选用。

GF 系列泡沫剂具有以下特点：

（1）高稳定性。其泡沫 1h 沉降距为 1mm，浆体沉降率为 3%，泡沫可存在 1～2d。

（2）高泡性。其发泡倍数可大于 45 倍，属于高发泡品种。

（3）泡沫超细。其泡径一般小于 300μm。所形成的气孔细如针尖，一般泡沫均达不到。

（4）泡沫均匀性好。其泡沫的气泡大小一致，泡径分散度低，其泡径分布范围在 100～300μm 之间，差别较小。

（5）闭孔率高。其闭孔率高达 90% 以上。用它生产的泡沫混凝土强度高、吸水率低、耐久性好。

6.4.4 增强纤维

泡沫混凝土制品中一般都加有纤维，增加强度，抵抗干缩开裂，提高产品的韧性。在大掺量粉煤灰泡沫混凝土制品中，尤其需要添加纤维，以弥补因大量加入粉煤灰而降低早期强度。

1. 纤维品种的选择

泡沫混凝土中添加的纤维通常有聚丙烯纤维、玻璃纤维、木纤维、矿物纤维（海泡石纤维、水镁石纤维）等。但在大掺量粉煤灰泡沫混凝土中，有些纤维不宜使用。其选择方法如下：

（1）最适宜的品种为聚丙烯纤维。其合适的长度为 6～12mm。太短则增强效果不好，太长则不宜分散。优选聚丙烯纤维，因为它基本不吸水，又易分散、不结团、韧性好。

（2）不适宜的品种为木纤维、矿物纤维、玻璃纤维三类。其不适宜使用的原因是：

① 木纤维和矿物纤维吸水率太高，易增大配合料的水灰比，使浆体凝结更慢。本来大量加入粉煤灰已延迟了浆体的凝结速度，再加入这些纤维，会加剧这种缓凝的趋势。同时，这些纤维易结团，不宜分散。

② 玻璃纤维。玻璃纤维的缺点是不耐碱，在碱蚀作用下易腐蚀。而大掺量粉煤灰泡沫混凝土中要添加强碱性质的活化剂和生石灰。这些碱性物质都会腐蚀聚丙烯纤维，使其失去作用。

2. 聚丙烯纤维的技术要求

（1）所选用的聚丙烯纤维应符合国家标准《水泥混凝土和砂浆用合成纤维》（GB/T 21120—2018）的技术指标。

（2）其合适直径应为 18 ~ 27μm，长度为 6 ~ 12mm。

（3）纤维的含水量不得超过 2%。那些故意喷水加湿增重的纤维不得选用。

（4）纤维的断裂强度应大于等于 350MPa。

（5）纤维的初始模量应大于等于 3.0×10^3cN/tex。

（6）纤维的断裂伸长率应大于等于 40%。

（7）纤维的耐碱性能（极限拉力保持率）应大于等于 95%。

6.5 大掺量粉煤灰泡沫混凝土的应用领域

大掺量粉煤灰泡沫混凝土应用广泛。它可以涵盖大多数的常温常压生产的泡沫混凝土品种。概括地说，它可以在现浇工程领域及制品领域应用。

6.5.1 现浇工程领域应用

基础设施工程的泡沫混凝土回填现浇，是目前泡沫混凝土应用量最大的领域，占泡沫混凝土总工程量的 50% 左右。大掺量粉煤灰泡沫混凝土也主要应用于这一领域。因为这一领域工程量巨大，可以消耗更多的粉煤灰。目前，基础设施工程泡沫混凝土的施工量已达每年 4000 万 m^3 左右。假如每 $1m^3$ 掺入 150kg（掺灰量为 40%）的粉煤灰，那么，每年就可以消耗粉煤灰 600 万 t，十分可观。所以，应当重点推广这一领域的应用。

基础工程现浇的应用包括以下 15 个方面：

（1）公路路基尤其是软基换填、公路加宽等。

（2）地基回填。包括港口工程回填，大型停车场地基回填，工厂地面回填，火车站、汽车站、城市广场地面回填，机场地基回填等。

（3）地下工程回填。如地铁车站回填，报废矿井及地下工程回填、地下通道的顶面回填等。

（4）管道工程回填。包括明挖管道沟槽的轻质土方回填、管道夹层的回填、隧道地面的回填、隧道拱面夹层的回填等。

（5）钻井工程回填。包括井壁轻质加固回填，井内防水层回填等。

（6）塔基罐基回填。包括输变线路钢塔基座回填、风电塔基座回填、瞭望塔和灯塔基座回填，工业原料储罐、水塔、油罐等基座回填等。

（7）煤矿井下回填。包括冒顶大型塌方抢险回填、冒水堵水回填、防瓦斯墙体回填，其他抢险回填等。

（8）护坡回填。包括泥石流护坡和防滑坡回填、道路护坡回填、河岸护坡回填以及其他工程护坡回填等。

（9）垃圾坑、尾矿场、有毒粉体堆场覆盖层现浇密封回填以及其他需要覆盖保护的回填（例如矸石山防自燃的封闭回填）等。

（10）海堤、河堤、湖堤的堤后加固泡沫混凝土回填等。

（11）补偿地基的回填。

（12）屋面保温层的填筑。

（13）地暖绝热层的填筑。

（14）楼地面垫层的填筑。

（15）自保温墙体的现浇。

6.5.2 制品生产应用

（1）砌块、砖块类，如自保温泡沫混凝土砌块、泡沫混凝土填芯自保温砌块、污泥陶粒泡沫混凝土砌块、泡沫混凝土砖等。

（2）墙板类，如泡沫混凝土实心墙板、硅钙板覆面夹芯泡沫混凝土墙板、陶粒泡沫混凝土墙板、空心泡沫混凝土墙板、太空板（发泡水泥复合板）等。

（3）保温板类，如外墙外保温板（简称保温板）、屋面保温板、地暖绝热板等。

（4）吸声隔声板类，如建筑吸声板、公路隔声屏障等。

（5）吸能类，如机场跑道阻滞材料制品、泡沫混凝土电磁波吸收板、泡沫混凝土远红外板等。

（6）园林制品类，如泡沫混凝土轻质仿木制品、泡沫混凝土大型人造假山群等。

（7）农用制品类，水上种植浮盘、湖面防蒸发保护浮板等。

（8）预制构件类，如罗马柱、栏杆柱与栏板、窗套与门套以及其他需要降低密度的预制构件。

（9）特殊制品类，如泡沫混凝土轻质烟道、泡沫混凝土吸臭猫砂等。

总之，大掺量粉煤灰泡沫混凝土可以生产80%以上的泡沫混凝土产品。大多数现在使用泡沫混凝土进行现浇或工厂化生产的产品，大多可以应用粉煤灰。所以，发展大掺量粉煤灰产品大有前景。

6.6 增大粉煤灰掺量的技术措施

大掺量粉煤灰泡沫混凝土的典型特征就是粉煤灰掺量高。本技术可将粉煤灰由常规掺量的20% ~30%增大到40% ~60%。泡沫混凝土本身强度较低，由于泡沫的缓凝性、凝结硬化比较慢，如果加入高掺量的粉煤灰，就会使强度更低，且凝结硬化更慢，其弱点更突出，更容易因初凝时间更长而消泡塌模。

那么，既要实现大掺量，又要保证不塌模，不会凝结更慢、强度更低，就需要有综合的技术措施，使之能克服大掺量粉煤灰带来的一系列缺陷。

6.6.1 粉煤灰的活化措施

在各种技术措施中，无疑对粉煤灰的活化作用最为重要的是将物理活化与化学活化相结合。

1. 物理活化

对选用的Ⅲ级灰或混合灰均进行超细粉磨。粉磨要求如下：

（1）采用高细磨机，并配套高效4通道选粉机。粉磨系统应为闭路，不得采用开路。选粉后的不合格粗粉仍要返回磨中继续粉磨，直至细磨合格，普通磨机由于磨不到超细，不得采用。

（2）粉磨时可加入高效助磨剂，或直接加入三乙醇胺和三异丙醇胺助磨，可降低粉磨成本，缩短粉磨时间，提高产量。

（3）粉磨时应与生石灰、活化剂混合粉磨，使三者在粉磨中进行预活化反应，借助球磨机内的高温，提高活化效果。粉煤灰单独粉磨，效果不如它与生石灰及活化剂共同粉磨。三者共同粉磨效果最好。生石灰的加入量为粉煤灰的20%，活化剂的加入量为粉煤灰的2%。若采用Ⅲ

级粉煤灰，活化剂加入量可为粉煤灰的3%。

（4）粉磨结束后，可将混合粉磨料送入活化仓进行陈化（后活化）。陈化时间不少于3d。经陈化（后活化）工艺，借助粉磨粉煤灰混合料的余热，仍可提高粉煤灰的活性。

（5）粉煤灰细磨，用于现浇泡沫混凝土时，比表面积控制在400～500m^2/kg，用于泡沫混凝土制品时，控制在700～750m^2/kg。

2. 化学活化

若不经活化剂与粉煤灰的混合粉磨活化，直接使用粉煤灰时，可采用活化剂活化。此时，可在泡沫混凝土料浆搅拌时，将粉煤灰与活化剂一并加入搅拌机。活化剂加量，Ⅱ级灰加入减3%。

6.6.2 先进、科学的配比措施

1. 采用高强度等级早强水泥弥补强度损失

由于加入粉煤灰会降低强度，粉煤灰掺量越大，强度降低越大，凝结越慢。为了弥补强度损失和凝结时间损失，就要采用高强度等级水泥或特种水泥。优选42.5级（现浇）或52.5级（制品）普通硅酸盐水泥（现浇）或硅酸盐Ⅰ型水泥（制品）。生产制品时，最好采用氯氧镁水泥（活性含量大于85%）或52.5级快硬硫铝酸盐水泥。当采用普通硅酸盐水泥时，一定要选择早强型（42.5R型或52.5R型）。由于32.5级水泥强度低，严禁选用。也不得选用复合硅酸盐水泥、矿渣硅酸盐水泥、火山灰质硅酸盐水泥、粉煤灰硅酸盐水泥。

2. 应加入促凝剂促凝

由于大掺量泡沫混凝土凝结速度太慢，只采用早强水泥仍不够，还应当在配合比中加入适量的促凝剂，提高凝结速度，防止泡沫破灭。促凝剂的加量为YN-Ⅱ水泥的2%～4%。

华泰公司研发的新型活化剂，复合了一定的促凝剂成分，除了活化作用外，它还具有良好的促凝作用。使用YN-Ⅱ可以兼作促凝剂，一剂两功能，使用它时可省去促凝剂。当然也可另选用市场上的促凝剂。

3. 配比适量生石灰和石膏

假如粉煤灰采用了和生石灰共同粉磨的预处理工艺，配合比设计时，就不要再配比生石灰。假如粉煤灰（Ⅱ级或Ⅰ级灰）直接使用，就

要在配合比设计中加入粉煤灰量20%的生石灰和4% ~5%的石膏，两者既可以作为粉煤灰的硅和钙反应的钙质，又可提供碱及促进硫酸盐的激发活化，增强活化剂的活化作用。

4. 配比超细超稳定的泡沫剂

由于大掺量粉煤灰泡沫混凝土凝结速度慢，而发泡剂所制泡沫稳定存在的时间有限，容易消泡。所以，选配的发泡剂必须为高档品，所制泡沫超细超稳定，不易消泡，可以长时间稳定。其泡径不宜大于1mm，最好控制为200 ~300μm。其稳泡时间一般应不低于2h（多于水泥浆的初凝时间)，越长越好。

5. 配比稳泡剂

只靠发泡剂的稳泡效果还远远不够。为了增大粉煤灰掺量，还要配比一定量的稳泡剂，进一步加强稳泡，防止因凝固慢而塌模。可以选用华泰公司研发的特效稳泡剂。使用它以后，即使粉煤灰掺入60%，也不会塌模，其掺量一般低于1%，是一类高分子化合物复合剂。

6.6.3 合理的工艺措施

大掺量粉煤灰的实现，单靠活化、配比等措施还不行，配套的工艺设备也要先进，还要有合理的工艺设备设施。

1. 采用两级搅拌工艺

现有的泡沫混凝土搅拌工艺均为单级，均是一次搅拌卸料。其缺点是搅拌时间短。若延长搅拌时间，则影响生产效率。但大掺量粉煤灰要求必须延长搅拌时间，因为搅拌时间越长，活化剂、生石灰、生石膏、水泥等成分与粉煤灰的混合越均匀，接触的机会越多，搅拌总时间不低于8min。单级搅拌将搅拌时间控制为8min，则每1h只卸料8次左右，产量很低。为解决搅拌时间与产量的关系，就发明了两级搅拌工艺，一级搅拌3min，卸入二级搅拌3min。这样，两级相加，总搅拌时间就为6min。这既满足了搅拌时间要求，而且每级只搅拌3min，卸料周期为3min，每1h可卸料20次，保证了产量。这是一个十分先进的工艺方案。

2. 高速搅拌

搅拌速度越快，则效果越好。为提高搅拌效果，对粉煤灰采取高速搅拌是必需的工作。但一级搅拌加入大量的水泥、粉煤灰干物料，阻力大，不可能实现高速搅拌。本工艺现设计成两级搅拌，其中二级为高速搅拌，转速控制为 1400r/min。这样，一级采用慢速（30 ~ 40r/min），先把干料与水初步搅拌成浆，然后二级高速搅拌。

3. 搅拌时通入蒸汽或热水

粉煤灰水化速度缓慢，但升高温度可以加速其水化反应。为了提高料浆的温度，本工艺采用向搅拌机通入蒸汽或者加入 40℃ 热水的方法，提高粉煤灰的初始反应温度，促使其与水泥、石灰快速水化，促进水化放热，从而使料浆在浇筑后一直保持较高的反应温度，提高粉煤灰的活性反应性能，多产生水化物。事实证明，这是提高粉煤灰掺量的有效工艺措施。

（1）保温保湿养护措施

制品凡采用模具成型的，一律采用夹芯式保温模箱，并用夹芯活动式上盖覆盖保温保湿，防止热量流失。大掺量粉煤灰泡沫混凝土制品由于粉煤灰掺量大，水泥用量小，水化热小，即使大体积浇筑，也不会因水化热集中而产生“烧芯”式热裂。但因大掺量粉煤灰水泥浆体水化热小，静停养护期若不进行外加温，自然养护时升温困难，反应温度低，水化进行困难。所以，要千方百计予以保温。其中，自然养护时，采用夹芯式保温模箱是最有效的技术措施。采用夹芯式保温模箱，还有利于消除“边角效应”。“边角效应”即避免模具四角及外围的温度低，反应不充分，而靠近中间部位反应温度高，反应充分，使浇筑体的中心部位与外围边角部位的反应温度及速度一致。夹芯式保温模箱的结构示意见图 6-1。

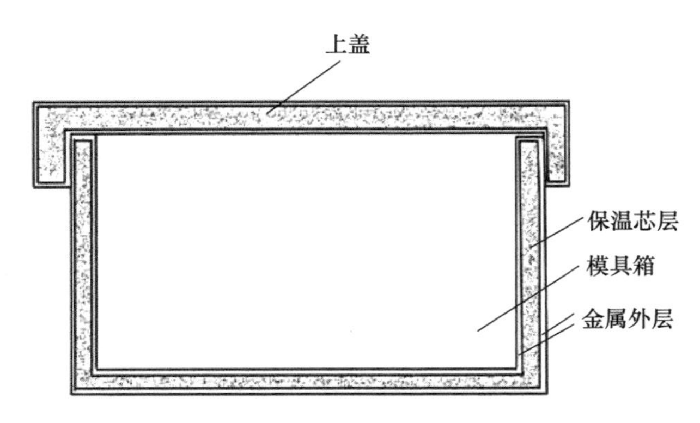

图 6-1　夹芯式保温模箱的结构示意图

（2）制品采用太阳能养护房升温养护

如嫌采用夹芯式保温模箱比较麻烦，可采用类似于蔬菜大棚养护房方式养护。浇筑后的模具放入大棚内养护，夏季棚内温度可达60℃，春秋季中午时分可达40～50℃。经太阳能养护层升温养护的制品，其强度比自然养护的高出20%～25%，投资小，设施简易。

（3）现浇类的回填工程如路基、地基、屋面等可以暴露于阳光下的工程，采用覆盖黑色塑料膜、双层黑塑料膜拱形养护罩、充气双层橡塑弹性膜养护布等养护，可提高养护温度5～10℃。这一方法已在一些工程中应用，非常有效。覆盖养护不但保温，还可以保持水分不流失，有利于保湿。

（4）对有些现浇类路基、广场回填等工程，由于面积过大，不便覆盖养护者，至少要做到保湿养护。保湿养护最简便易行的方法是采用养护剂。养护剂是一类成膜性极好的高分子化合物，在浇筑面上喷洒后，可以很快形成一层封闭膜，锁住水分。它的使用成本很低，一般每1m^3需几角钱，一次喷涂即可。使用养护剂保温，可避免多次喷水保湿，比喷水成本低。

6.7　大掺量粉煤灰泡沫混凝土的配合比设计与示例

6.7.1　配合比设计

1. 基本配方设计

大掺量粉煤灰泡沫混凝土，无论是其用于各种现浇，还是用于各种制品，都基于一个最基本的配合比，再根据不同的用途来加以变化。这一基本配合比如下：

水泥35%～40%，粉煤灰20%～50%，生石灰0%～20%，生石膏0%～5%，活化剂2%～3%，聚丙烯纤维0.5%～1%，聚合物类稳泡剂0%～2%，促凝剂0%～3%，聚苯颗粒0%～2%，高效减水剂0%～1%，水固比0.4～0.5。

其中，水泥为普通硅酸盐水泥42.5R级，或磨细700～750m^2/kg比表面积Ⅱ级灰；生石灰为$CaO+MgO$大于75%品种；生石膏为二水石膏含量大于80%品种，活化剂为YN-Ⅱ型，聚丙烯纤维的长度为6～12mm，聚合物复合稳泡剂为WP-1型；促凝剂为华泰公司研发的060型；聚苯颗粒的堆积密度为15～20kg/m^3，粒径为3～5mm；高效减水剂为聚羧酸型（液体有效成分40%）或三聚氰胺甲醛型（SM），有效成分为80%（粉体），热水的水温为30～45℃。

2. 配比量的设计

(1) 水泥的配比量

当用于现浇工程时，由于强度要求较低（1～3.5MPa），所以采用52.5级硅酸盐水泥或氯氧镁水泥时，水泥的配比量可控制为40%。当用于制品生产时，由于强度要求较高，所以采用52.5级硅酸盐水泥或氯氧镁水泥时，水泥的配比量可控制为50%。

当用于现浇工程时，若采用的是42.5R级普通硅酸盐水泥或42.5级快硬硫铝酸盐水泥，由于水泥的强度等级较低，水泥就要加大配比量，其配比量就要控制在不低于50%。当用于制品生产时，若采用42.5R级普通硅酸盐水泥或42.5级快硬硫铝酸盐水泥，水泥的配比量就要控制在不低于60%。

当用于现浇工程时，一般不宜配比硫氧镁水泥，因其质量在施工现场不易控制。现浇施工工程最好不选择特种水泥，因为使用的成本过高，不够经济。

(2) 粉煤灰的配比量

粉煤灰的配比量分三种情况。因粉煤灰的品种不同，其配比量也应有所不同。

Ⅱ级粉煤灰的配比量如下：当用于现浇施工时，其配比量约为40%；当用于制品生产时，其配比量约为35%。

Ⅰ级粉煤灰由于价格高，且供应量较少，一般不选用。

Ⅲ级磨细灰，当其比表面积为400～500m^2/kg时，用于现浇施工，其最大配比量为50%。当用于制品生产时，其最大配比量为40%，当配比有活化剂时，可放宽到45%。

Ⅲ级磨细灰，当比表面积为700～800m^2/kg时，用于现浇泡沫混凝土施工，粉煤灰的最大配比量为60%；当用于制品时，其最大配比量为50%，当配比有活化剂并蒸养时，也可配比60%。

Ⅲ级原状灰，不得用于配比。

(3) 生石灰的配比量

生石灰一般用于硅酸盐制品，它的加入有利于形成水化硅酸钙。它主要为硅钙反应提供钙质。硅酸盐制品多采用蒸压工艺，蒸养工艺虽也可产生少量硅酸盐，但仍不算硅酸盐制品。在不蒸压的状态下，硅钙反应一般难以进行。本工艺由于不讨论蒸压工艺，所以加入生石灰意义不大。生石灰只能作为钙质的提供者使用，它也可发挥一点碱激发作用，但作用有限，因此，在非蒸压工艺时，生石灰一般不配比。若作为碱激发配比，其配比量一般不超过10%。但如果采用蒸养工艺（蒸养温度大于80℃），可以配比粉煤灰量的15%～20%（一般为20%）。

总之，生石灰只作为选配品种，不作为必配原材料配比。

（4）生石膏的配比量

生石膏是选配原料，而非必需配比。

生石膏的作用是参与硅酸盐的硅钙反应，提供钙质与硫酸盐激发。不适用生石灰时，一般也不适用生石膏。

本工艺由于不采用蒸压工艺，仍以水泥为主要强度来源，主要反应不是水热硅钙反应，所以加入生石膏没有太大的作用，一般就不配比。但当采用蒸压工艺时（80℃以上蒸养），还有一定的硅钙反应，也可适当配入少量的生石膏，配比量约为粉煤灰的4%。

如果不采用蒸养工艺，而采用常温或升温养护，生石膏只作为硫酸盐激发剂使用，也可微量配入2%～3%。一般不配比。

（5）活化剂的配比量

活化剂是本工艺的核心原料之一。它的配比量与产品的性能关系较大。在一般情况下，它的配比量为2%～3%，特殊情况可达4%。活化剂配比量小，则活化能力不足，但是若配比量过大，则会使产品泛碱起霜，产生副作用，同时成本也会过高。所以，并不是活化剂用量越大越好，其配比量应以合适为宜。

若采用Ⅱ级粉煤灰，由于粉煤灰的活性较低，可以多加活化剂，来弥补其活性的不足，活化剂可配比粉煤灰质量的3%。但若采用磨细比表面积为450～500m^2/kg或700～800m^2/kg的高细粉煤灰，由于其粉煤灰的活性高，即使活化剂略少一些，也可达到理想强度，活化剂选用2%配比量即可。

若是现浇施工，由于其产品强度要求不高，所以活化剂可以少加，一般配比量2%即可。但若是生产砌块、墙板等强度要求较高的制品，为了激发粉煤灰产生更大的强度，活化剂配比量在3%以上为好。

（6）聚丙烯纤维的配比量

聚丙烯纤维在本工艺中发挥的作用：一是增加强度，当其加入量为水泥的1%时，可提高抗压强度5%～7%；二是增加产品的韧性，抗缩抗裂，十分有效。但由于聚丙烯纤维价格较高，且加多时易在搅拌机中难以分散，易成团状，所以也不宜多加。一般可控制配比量为0.5%～1%，极个别情况增至1.5%。

在现浇施工中，因为泵送距离较远，聚丙烯纤维的配比量过大时，会降低泵送性，所以，配比量宜控制在0.5%，也可不加纤维。

在生产制品时，由于泵送距离较短，且多为直接放料浇筑，所以纤维加量对施工影响不大，可以适当多加，一般配比量宜控制为1%。但当生产薄板状产品时，对韧性及抗折性要求过高，纤维的用量可加到1.5%。这是极限配比量，不宜再多，否则工艺不易控制。

（7）稳泡剂的配比量

稳泡剂的作用主要是提高泡沫的稳定性。由于它是高分子聚合物，有一定的黏性，也可提高料浆的黏聚性，有利于保水。但它也有负作用，即降低料浆的流动性和泵送性。所以，在保证稳泡的前提下，也不可加量过大。

稳泡剂的加量与泡沫加量相关。泡沫加量越大，稳泡剂加量就越大。稳泡剂比例以100L泡沫加入稳泡剂200g为宜。以500kg/m^3料浆密度计，其加入泡沫为500L（0.5m^3），稳泡剂在浆体中的加量约1kg，即每1m^3泡沫混凝土中的稳泡剂加量约为1kg。泡沫混凝土的密度越低，泡沫加量越大，稳泡剂加量也越大。也就是说，稳泡剂的加量由泡沫混凝土的密度决定。稳泡剂一般是在搅拌时直接加入搅拌机，与水泥料浆混合。

（8）促凝剂的配比量

促凝剂的作用是加快水泥的凝结速度，尽快稳定泡沫。泡沫混凝土与常规混凝土最大的不同就是加有泡沫。而泡沫的稳定存在期很短（一般只有几十分钟），若在它的稳定存在期水泥不能马上凝结将它固定，泡沫就会快速消泡。水泥凝结越快，固泡效果越好。所以，泡沫的稳定一要靠稳泡剂，二要靠水泥的尽快凝结，尤其是初凝。但是，偏偏大掺量粉煤灰水化慢，影响浆体的凝结，对固泡很不利。这就要靠加入促凝剂，使水泥加快凝结，尤其是缩短初凝时间。促凝剂加量越大，水泥凝结越快，固泡效果越好。但考虑使用成本，促凝剂也不可加量过大，以满足稳定泡沫为原则。当使用快凝硫铝酸盐水泥和氯氧镁水泥时，由于水泥本身凝结较快，一般不需再配比促凝剂。促凝剂一般用于通用水泥，加量通常为1%~3%。其具体的加量与料浆的密度有关：料浆密度为300~400kg/m^3时，促凝剂加量为3%；料浆密度为500~600kg/m^3时，促凝剂加量为2%；料浆密度大于700kg/m^3时，促凝剂加量为1%即可。

（9）聚苯颗粒的配比量

聚苯颗粒是选配组分，不是必须配比的组分。聚苯颗粒的作用：一是抗缩抗裂，二是提高料浆的稳定性。泡沫混凝土由于平常不加集料，所以干缩大，易出现裂纹，加入聚苯颗粒作为轻集料，就可以有效抗裂抗缩。泡沫的稳定性较差，易消泡，大量加入泡沫，料浆易下沉。尤其是大掺量粉煤灰，料浆凝结更慢，更易消泡。而聚苯颗粒既轻，又不会消泡，十分稳定。所以，用它取代一部分泡沫，可以提高料浆的稳定性。其配比量可根据料浆的情况而定。当料浆很稳定，不消泡时，就不加聚苯颗粒。但是当加大粉煤灰掺量，料浆凝结特别慢时，就可以加入聚苯颗粒。粉煤灰掺量越大，聚苯颗粒的配比量也越大。由于聚苯颗粒较贵，最大配比量（质量比）以固体干物料的2%为宜。

（10）高效减水剂的配比量

本工艺中高效减水剂的作用如下：一是提高浇筑的流动性，方便浇筑；二是降低水灰比，减少用水量。由于本工艺的粉煤灰掺量较大，料浆凝结较慢，如果水灰比较大，则凝结更慢。泡沫混凝土与普通水泥混凝土的一个最大不同在于它的水灰比不仅取决于配比水量，还涉及泡沫携带水。泡沫中的携带水为每1L泡沫50～80g。假如$1m^3$泡沫水泥浆加500L泡沫，泡沫带入水泥浆中的水就达25～40kg，这就加大了水灰比。所以，泡沫混凝土的实际水灰比均大于理论水灰比。这不但影响泡沫混凝土的强度，还影响其凝结速度，不利于稳泡。所以，必须配比一定量的减水剂，降低水灰比。

高效减水剂的加量，与泡沫混凝土的以下因素有关：

① 要求浇筑时的泵送性越好，泵送高度及泵送距离越大，减水剂的加量就要越大，一般可以配比固体物料的1.0%。如果泵送高度较小，泵送距离不大时，减水剂配比可按固体物料的0.5%计。

② 现浇施工一般采用泵送，但它对产品强度要求不高，若只是普通的回填，要求不是很严格，可以不配比减水剂，或只配比0.5%。若是制品生产，要求浆体的自流平性，且对产品强度要求较高，可以多配比减水剂，配比量要达1.0%。

③ 产品的密度越小，泡沫加量越大，泡沫带入的水量越大，料浆越稀，就越需减水。这时，减水剂可配成1%。但若产品的密度较大，如$1m^3$的密度在$800kg/m^3$以上时，它掺入的泡沫混凝土就很少，带入的水量也很少，减水的需求不大。这时，可以不加减水剂或只加入0.5%以下。

④ 当泡沫混凝土用于网模墙体浇筑时，浆体的流动性越好，渗漏出去的浆越多。这时，就不能配比减水剂。当泡沫混凝土用于斜坡屋面现浇或工地陡坡上现浇施工时，浆体越加减水剂就越稀，坡面上就存不下料浆。这种情况也不能使用减水剂，越使用减水剂越无法施工。

⑤ 当粉煤灰掺量较大时，由于粉煤灰的玻璃珠有润滑减水效应，所以，粉煤灰用量越大，减水率越高，减水剂可以不加或者少加。当粉煤灰掺量较小（<30%）时，减水剂可以多加（>0.5%）。

（11）水分的配比量

水的配比量，一是决定料浆的流动性，尤其是泵送性；二是决定水灰比（或水料比）的大小及凝结速度，还有产品的强度。水的配比量越大，流动性就越好，但凝结速度就越慢，产品强度越差。

水的配比量由下列几种因素决定：

① 减水剂的减水率越高，配比量越大，则水料比就越小，即水的配比量就越小。

② 粉煤灰的配比量及其需水量。粉煤灰有减水作用，且不同品种的粉煤灰需水量不同，一般情况下，粉煤灰的配比量越大，需水量越小，则配比水量就越小，即水料比越小。

③ 现浇施工因需泵送，且有些工程的泵送高度及泵送距离较大，所以要求流动性较好。这时，水的配比量就应大些。而制品生产一般不采用泵送浇筑，不要求过大的泵送性，所以水的配比量可以略小。

④ 泡沫的加量影响水的配比量。泡沫加量越大，带入浆体的水越多，料浆越稀，所以水料比就要小一些。相反，如果泡沫的加量较小，配比的水量可以适当大些。

⑤ 轻集料的加量及品种影响水料比。有的轻集料吸水率很低，例如聚苯颗粒，有的轻集料吸水率较高，如珍珠岩、陶粒、膨胀蛭石。所以，如果配比中有高吸水的轻集料时，配比水量就要大些；若配比中的轻集料吸水率较低，配比水量就可以少些。

⑥ 在一般情况下，当不加入减水剂时，水的配比量应处于40%～50%。水的配比量太小，浆体过稠，摩擦力过大，搅拌时泡沫易在摩擦作用下消泡，或者泡沫易形成破孔、连通孔，降低强度，增大吸水率（当水的配比量小于45%时，这种情况较明显）。而当配比水量过大时，料浆过稠，水泥的浓度小，水泥量相对不足，凝结慢，强度低（当水的配比量大于45%时，这种情况较明显）。所以水的配比量既不能太大，也不能太小，以50%上下较为合适。在此基础上，再根据其他几个因素适当增减。

6.7.2 配合比设计示例

下面给出几种大掺量粉煤灰的典型应用情况。

1. 现浇工程领域的配合比举例

（1）模网现浇墙体配合比设计

模网现浇墙体是近几年刚刚发展起来的泡沫混凝土墙体技术。它以C形钢或矩形方管龙骨为竖向支柱，内外两侧以钢网蒙皮作为免拆模板，中间浇筑粉煤灰泡沫混凝土作为轻质混凝土自保温层。由于它以钢网为模板，网孔会漏浆，所以要求浆体稠厚，不能有太强的流动性，配比的水量不可太大，也不能加减水剂。另外，配比中要加流变剂，减少漏浆。模网墙体对强度要求不高（仅 1 ~3.5MPa），所以粉煤灰可采用大掺量。但模网现浇工艺，一次性浇筑高度大于 1m 容易下沉和塌模，要求墙体凝结速度不能太慢，故要采用高强度等级早强水泥，并要加入足量的促凝剂。综合以上要求，其配合比设计如下（质量百分比）：

52.5R 级硅酸盐水泥 50%，500m²/kg（比表面积）磨细粉煤灰 40% ~50%，外加磨细粉煤灰的 3%，水泥和粉煤灰总量的外加 2%，水泥和粉煤灰总量的外加 1%，液体稳泡剂为水泥和粉煤灰总量的外加 1%，水固比 0.4 ~0.5，采用常温水，水温不低于 15℃，泡沫适量。(除水泥与粉煤灰外，其他各组分的配比量均为水泥与粉煤灰总量的百分比，本章各示例配比均如此，不另注明)

配比中加入了 1% 的聚苯颗粒，意在堵塞钢网的网孔，减少浆体的渗漏。浆体中由于加入粉煤灰较多，所以促凝活化复合剂应取大值。

（2）地面回填配合比设计

坑凹沟壕不平的地面或软基换填的地面，往往采用泡沫混凝土，且幕墙应用量很大，年达几千立方米。这种现浇工程量大，且对强度要求也不高（1 ~4MPa），只是作为一种轻质填充体，所以可以采用 60% 掺量的大掺量粉煤灰填充体。它在地面浇筑，对凝结速度无严格要求，所以不必采用高强度等级水泥。它的浇筑体积有时较大，夏季浇筑易产生水化热集中引起的热裂。采用大掺量粉煤灰，有利于消除水化热，对大体积回填十分有利。由于粉煤灰掺量过大，单靠加入活化剂不足以满足粉煤灰的活化要求，故另加入 10% 左右的生石灰辅助激发。回填浇筑一般是泵送，且浇筑距离较大，对浆体流动性和泵送性要求较高，所以在配合比中设计了一定量的减水剂。其配合比具体设计如下（质量比）：

42.5R 级普通硅酸盐水泥 40%，生石灰 5%，Ⅱ级粉煤灰 55%，Ⅱ级粉煤灰的外加 3%，水泥和粉煤灰总量的外加 1%，液体稳泡剂为水泥和粉煤灰总量的外加 0.5%，水固比 0.45 ~0.5（水温不低于 10℃），泡沫加至设计密度。

本配合比的早期强度较低，但 28d 抗压强度仍可满足强度要求。

（3）地下空洞回填配合比设计

地下空洞包括废弃的地下设施工程，煤矿采空区的矿井等。原来采用的砂土回填或混凝土尾矿砂回填，浆体流动性差，填筑不到位，回填成本高。近几年均改为大掺量固废泡沫混凝土回填。其中，以大掺量粉煤灰回填应用最广。由于地下回填对强度要求较低（一般均小于1MPa），且对凝结硬化速度要求也不高，所以可以掺入大量的粉煤灰，且不要使用高强度等级的水泥，其他外加剂用量也偏低。地下空洞回填要求低成本，强调经济性，在配合比设计时应予考虑。

其参考配合比设计如下（质量比）：

42.5R级普通硅酸盐水泥40%，Ⅱ级粉煤灰60%，活化剂1%，液体聚羧酸高效减水剂加量为固体料总量的外加1%，液体稳泡剂为固体料总量的外加0.5%，水固比0.45～0.5，采用常温水，水温不低于10℃，泡沫加至设计密度。

配比中设计了少量的高效减水剂，是因为地下回填工程一般泵送距离均达几千米，至少500m，对泵送性有较高的要求。所以，加入少量减水剂有利于流动性与泵送性。设计一定量的稳泡剂，是因为地下湿度低，且粉煤灰掺量又特别大，所以浆体凝结慢，易消泡，应配比一定量的稳泡剂稳泡，防止泡沫过多消失，避免浇筑体沉陷或塌模。

（4）屋面保温层浇筑

屋面找坡与保温浇筑是泡沫混凝土应用最早、最广泛的领域之一。近几年，基本达到普及应用的程度。但是，就目前的情况看，应用粉煤灰的还不多，大多还是使用水泥，不经济。今后，如何引导各施工企业应用粉煤灰是一个重要的课题。为了实现引导应用的目的，这里设计一个大掺量粉煤灰的示例，以供参考。

屋面由于暴露在室外，施工条件较差，料浆易在风吹日晒后失水干裂，所以，配合比中应加入一定量的保水剂。同时，屋面保温层要求凝结较快（防止风吹、日晒消泡），以尽快保泡，所以，配合比中不可掺入过多的粉煤灰，应以40%为宜。同时，屋面现浇工程价格一直处于较低的状态。为了保持低造价与其经济性，配合比中不可设计高强度等级水泥、过多的活化剂及其他外加剂。粉煤灰也不可选用超细粉煤灰，一般Ⅱ级灰即可。具体配合比如下（质量比）：

42.5R级普通硅酸盐水泥60%，Ⅱ级粉煤灰49%，活化剂1%，减水剂0.5%，稳泡剂0.3%、保水剂1%，水固比0.45～0.5，采用常温水，水温不低于10℃，泡沫加至浆体密度为500～550g/L。减水剂、稳泡剂、促水剂均采用液剂，其配比量均为其占固体料总量的外加比例，不占固体料和水的配比量。

2. 制品领域的配合比举例

（1）泡沫混凝土轻质承重砌块的配合比设计

粉煤灰泡沫混凝土轻质承重砌块，是泡沫混凝土制品的主要品种。

它既轻质又承重，可降低建筑自重45%～50%，墙体厚度也可以减少一半。其干密度为1000～1200kg/m³，只有混凝土砖的1/2，约相当黏土砖的65%，发展前景广阔。但这些年它的应用并不多，其主要原因就是生产成本高、使用成本也高，不经济。克服这一缺点的一个重要技术措施就是采用大掺量粉煤灰，一是可以降低水泥用量，二是可以利用粉煤灰的轻质性降低密度和导热系数。但大掺量粉煤灰砌块由于粉煤灰掺量大，导致抗压强度较低。为了保证它的抗压强度达到技术要求的10～15MPa，除了在工艺上要采取蒸养外，在配合比设计上也要采取以下技术措施：

① 采用高强度等级硅酸盐水泥，并提高水泥的配比量。

② 加大活化剂的掺量，提高其后期（28d）强度。

③ 采用超细小泡沫，其泡径最大不超过300μm。泡沫越细，产品抗压性越高。

④ 采用高效减水剂，减小水灰比。

⑤ 采用超细粉煤灰，其比表面积不小于450m²/kg。

根据以上分析，其具体配合比设计如下（质量比）（由于其粉煤灰掺量大，虽采用了高强度等级水泥，但成本仍然不高）：

42.5R级硅酸盐水泥50%，超细粉煤灰（比表面积>450m²/kg）48%，活化剂（HD-3型）2%，高档泡沫剂（泡沫的泡径<300μm），泡沫加至浆体密度小于1300kg/m³。

（2）粉煤灰超轻自保温砌块

粉煤灰超轻自保温砌块是泡沫混凝土自保温砌块的生态型产品，其生产成本低，自保温性更突出。自保温泡沫混凝土砌块近年发展较快。国家出台了行业标准《泡沫混凝土自保温砌块》（JC/T 2550—2019），发展前景广阔。其密度低，强度好，可使墙体自保温。为实现该标准制定的技术指标，建议采用高强度等级硅酸盐水泥和超细粉煤灰，并适当控制粉煤灰的掺量。

其砌块配合比设计如下：

52.5R级硅酸盐水泥60%，高比表面积（>500m²/kg）超细级粉磨粉煤灰36.5%，聚羧酸高效减水剂0.5%，聚丙烯纤维（长度为8mm）0.5%，活化剂（HD-3型）3%，超细泡沫（泡径<300μm）加至设计浆体密度。

6.8　大掺量粉煤灰泡沫混凝土的生产工艺

6.8.1　粉煤灰的超细粉磨

1. 超细灰优势

粉煤灰的超细粉磨相对于普通粉磨而言，粉煤灰的普通粉磨是指将

Ⅲ级粉煤灰或分选后的粗灰粉磨至比表面积达370m^2/kg。这种普通粉磨灰具有以下不足：一是需水量较大，且在相同水胶比条件下，其强度低于Ⅱ级粉煤灰，影响应用；二是水化速度慢，对水泥混凝土的凝结速度影响较大。所以，要获得粉煤灰的大掺量应用，就必须将其超细粉磨。所谓超细粉磨，是将Ⅲ级粉煤灰和分选出的废弃粗灰粉磨至比表面积大于450m^2/kg，一般应达450~750m^2/kg。

超细粉煤灰的优越性表现在三个方面：一是在产品抗压强度相同时，可多掺粉煤灰10%~30%。二是显著提升粉煤灰的水化活性及水化速度，其产品抗压强度增幅至少高出10%，最高可高出25%。三是赋予超细灰明显的减水效果。在粉磨中虽有部分大的球状微珠遭到破坏，但又能释放新的和更小的球状微珠。尽管比表面积增大会需要更多的湿润水，但其密实填充效应又大幅减少孔隙水，反而能减水10%，且增加工作性，减少减水剂的用量。同时，它可以提高泡沫混凝土的泵送性和流动性，有利于泵送浇筑。四是超细粉煤灰和高效减水剂双掺使用，能够配制高强度泡沫混凝土，并具有浆体流动度损失小和产品干缩小的优点，可较好地抗裂（包括产品干裂和热裂）。

2. 超细灰的生产工艺与设备

超细灰采用辊式磨、立式磨等都达不到超细的目的，能达到超细效果而能耗较低的是振动磨和新型球磨机配高效JS选粉机组成的闭路粉磨系统。然而，振动磨的噪声较大，又是间歇生产，也不合适。相比之下，目前最适于进行粉煤灰的超细粉磨的，是新型球磨机配高效选粉机粉磨系统。该系统由主机超细磨机、JS选粉机、袋式除尘器、给料机、斗式提升机等组成。

（1）超细磨机。超细磨机可选用直径1.2~2.6m的管式球磨机。这种超细磨机与普通磨机有很大不同。它不但采用了新式衬板，还改造了磨内的诸多结构参数和钢段级配，不采用磨球。改造后的这种磨机使得物料在磨内的流速更容易控制，合理地延长了粉磨时间，同时可避免磨内粉磨热量高、粉磨细度高而引起的静电吸附和物料团聚。因为物料一旦产生吸附和团聚，就再也难以磨细。本机弥补了这一不足。这也是它能够实现超细粉磨的根本原因。

（2）JS空气喷射型超细选粉机

选粉机是超细粉磨的关键设备。如果不配备选粉机，粗细物料混磨，很难磨细。配备选粉机后，可以将已合格的超细粉及时选出，不合格的返回磨中再继续粉磨，就可以大大提高粉磨效率，并确保磨好的成品达到要求的细度。选粉机的先进程度不同，选粉效率也不同。JS空气喷射型超细选粉机采用悬浮分散、预分级以及平面涡流分级技术，利用空气喷射气流将物料进行悬浮分散，强化了分散物料的能力。在物料进入分级区前，将部分粗料直接分离，降低了受选物料浓度，为清晰分级提供了良好基础。随后，物料进入涡流型转子分级区，由于转子高径比和转子叶片的特殊设计，物料得到最大限度的分级，可稳定地分选比表面积在450 ~ 760m^2/kg甚至更大的超细粉。利用一般的选粉机很难选出如此细的产品。

利用这一套设备选出的超细粉，粒径≤5μm的细颗粒可以达到45.7%，粒径≤10μm的细颗粒可以达到65.3%，粒径≤32μm的细颗粒已占到95.16%，而大于45μm的颗粒很少。而一般的水泥，90%以上的颗粒都在45μm以上。这说明本工艺已达超细标准。

本生产线的工艺布置及设备组成、工艺流程，见图6-2。

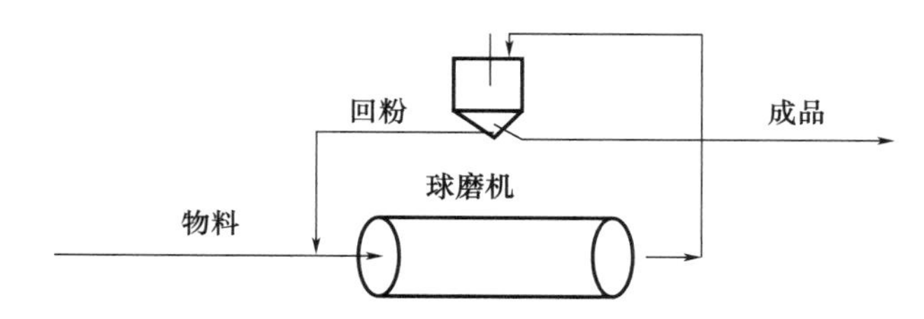

图6-2 本生产线的工艺布置及设备组成、工艺流程

6.8.2 泡沫混凝土配料

1. 简介

如今泡沫混凝土大部分用于现浇工程。由于工地不断变换，所以无法配备全套自动配料系统，只有个别大型现浇系统才配备配料系统，其余的简易移动式小型生产线（班产100m^3以下）均为人工配料。其水泥、粉煤灰等主料均以袋计量，外加剂都采用体积计量。

在一些大型现浇生产线上，配备自动配料系统，包装水泥、粉煤灰螺旋电子秤，粉煤灰外加剂的失重电子秤，液体外加剂的计量泵，聚苯颗粒的体积计量罐等。水的计量多采用流量计。

以后肯定是向自动配料方向发展。目前，已有20%左右的现浇泡沫混凝土生产线采用全自动配料及搅拌制浆的大型现浇生产线，以华泰公司研制和生产的HT-80及HT-18-Ⅰ型智能成套装备为代表，本书后面章节会有详细介绍。该设备配备自动配料系统。

2. 制品的配料

目前，大掺量粉煤灰泡沫混凝土制品均采用自动配料工艺。该工艺一般包括如下几个自动计量单元：

（1）储料罐。包括水泥、粉煤灰筒仓以及各种外加剂及辅料的小塑料罐。

（2）仓底计量装置。包括固体粉料的仓底螺旋电子秤以及液料的计量泵。

（3）物料输送系统。包括皮带或螺旋输送机，把计量好的物料输送至斗式提升机，再由斗式提升机送至搅拌机，液料由计量泵直接送入搅拌机。

（4）除尘装置。在配料、输送系统上加装袋式除尘器，消除粉尘。

6.8.3 搅拌制浆工艺及浇筑工艺

（1）现浇制浆搅拌工艺一般采用两级搅拌。一级搅拌采用立式或卧式搅拌机，负责制备水泥浆。二级搅拌加入泡沫和聚苯颗粒，制成泡沫混凝土浆体。

配比好的物料由螺旋输送机（或皮带输送机）在全密闭状态下送入一级搅拌机，搅拌3min，成为流动性较好的稀浆，然后卸料进入二级卧式搅拌机，加入发泡机送来的泡沫和由风力输送机送来的聚苯颗粒，混合成均匀的泡沫浆体，这样就可以泵送浇筑。当加有轻集料时，不能使用螺杆泵，必须使用液压泵、软管泵、柱塞泵。

两级搅拌工艺的两台搅拌机的设备布置，设计为上下位，即一级搅拌高架于二级卧式搅拌机之上。一级搅拌结束后，利用高低差，可以直接向二级搅拌机内卸料。上下位置的优点是省去了一台浆泵，卸料方便，但一级搅拌的位置过高，上料不方便。两级搅拌也可以设计成水平前后位，即一级搅拌在前，二级搅拌在后，两台设备均放置在地面，一前一后布置。一级搅拌好的浆体，由设置于搅拌机下的浆泵（螺杆泵或软管泵）将浆体抽出，泵入二级搅拌机中。其优点是一级搅拌不架高，在地面平放，上料方便。其缺点是要增加一台浆泵。

现浇工艺的浇筑，一般均采用泵送。目前，大型泵多采用液压泵，中小型泵多采用挤压泵（软管泵）。两级搅拌制备好的浆体，直接由泵从搅拌机底部抽出，经管道泵至浇筑面浇筑。由于浆体内掺有大量粉煤灰，浆体流动性较好，所以可以自流平，只需人工辅助布浆即可。

HT-80及HT-18-Ⅰ全自动智能现浇成套装备，包含自动配料、搅拌制浆、泵送浇筑全套设备，配套合理且先进，推荐优先选用。

（2）制品制浆搅拌及浇筑工艺。目前，国内外的制品生产线多采用一级搅拌制浆，直接放料浇筑，采用两级、三级搅拌及泵送浇筑的较少。为了更好地利用粉煤灰，采用三级搅拌工艺及泵送浇筑工艺，具有工艺的先进性、科学性，可以多掺粉煤灰，并降低了投资30%以上。现将本工艺详细介绍如下：

① 搅拌制浆工艺

搅拌制浆工艺是固废泡沫混凝土制品生产的核心工艺，故而将搅拌机称作主机。泡沫混凝土的质量高低，就工艺因素讲，主要取决于搅拌制浆。因为它决定着浆体的均匀性和物料的分散性。

三级搅拌工艺流程如下：

干物料进入一级慢速搅拌机，加水后制成初浆→卸料进入二级高速搅拌机，搅拌成高均匀度水泥浆→卸料入三级搅拌机，加泡沫和轻集料制备出泡沫水泥浆→卸料泵送浇筑。

三级搅拌的工艺控制参数：一级搅拌速度为30r/min，搅拌时间为3min；二级搅拌速度为1400r/min，搅拌时间为3min；三级搅拌速度为60r/min，搅拌时间为3min。三级搅拌总时长为9min，每个搅拌周期则为3min，即每3min完成一次搅拌，卸料1次，每1h卸料20次。以每次卸料为$2m^3$（搅拌机搅拌筒的容积为$3m^3$）计算，则每1h产量为$40m^3$，每班8h产量达$320m^3$。

三级搅拌各自的功能如下：一级搅拌只要求将干物料与水及外加剂初步混合为初浆，不要求均匀度，只要求没有干物料团即可。由于刚加入搅拌机的干物料与水搅拌时为半干状态，不均匀，阻力非常大，只适用于慢速的卧式搅拌机。因为慢速卧式搅拌机的破阻力非常强，能够克服干物料或半干物料的阻力，把水与干物料混合均匀。二级高速搅拌的任务是将初步搅开的浆体搅拌为高均质的浆体。速度越快，冲击力越大，物料在短时间内受到的剪切次数越多。其1min的搅拌效果相当于慢速机的5～10倍，可以在极短的时间内制备出高均匀度的浆体。高速搅拌搅不动浓稠浆，所以它不适用于一级或三级搅拌。三级搅拌的任务是向二级高速搅拌好的高均匀度水泥浆中混入泡沫和轻集料。由于泡沫和轻集料均较轻，容易漂浮于浆体的表面，这就需要卧式叶片式搅拌机。这种搅拌机具有上下翻动混合的能力，能把漂浮于浆面的泡沫和轻集料下压到浆体内，上下翻搅，搅拌成均匀的泡沫水泥浆。泡沫和轻集料都较易破碎，若采用高速搅拌，泡沫和轻集料破损率会很高，所以只能采用慢速搅拌。这样，三级搅拌各有优势，相互协调一致，制浆效果又快又好。

② 泵送浇筑工艺

现有的各地泡沫混凝土制品生产线，其浆体浇筑工艺大多数均采用模车移动、循环浇筑的工法。其缺陷是模车操作复杂，必须有摆渡车、牵引机以及模车运行系统，工艺复杂，且要求车间占地面积大，投资大。另外，这种工艺当模具高度较高时，搅拌机必须架高 3m 以上，要求车间高度在 9m 以上，多数车间高度不够。针对这些问题，我们设计了泵送浇筑工艺，如同现浇。该工艺是将模具成排固定于车间内，不移动。搅拌机固定不动，无须架空过高，降低了车间的高度要求。搅拌机制浆后，卸料到地面的储料罐，再由泵将浆体从储料罐中抽取，通过管道运送到模具房浇筑。本工艺简单易行，无须模车移动循环，省去了摆渡车与轨道，也省去了模车牵引系统，降低了搅拌机的高度，可降低投资 30%，且模具再高也可浇筑，操作更为方便。采用这种工艺时，无须设计新的大型生产线，选择华泰公司的智能现浇成套装备，再配备模车和养护窑就可以生产各种制品，降低了投资，简化了工艺。

6.8.4 养护工艺

1. 现浇工程的养护

现浇工程的养护比较简单。在大多数情况下，可以从以下几种养护方式中任选一种进行养护，简便易行。

(1) 覆盖农膜养护

浇筑好的浆面上可以覆盖一层农膜，进行保湿保温养护。一边浇筑一边覆盖农膜。农膜直接被浆体粘在浆面上，风也吹不起来，且效果特别好。它的优点是一次覆盖即可，省去了天天洒水养护，目前应用较普遍。

(2) 喷洒养护剂养护

养护剂是一种可以成膜的高分子化合物。它在浆面终凝后喷涂，可以很快形成一层密封膜，将水分封闭在固化体中起到固化体自养护的作用。其优点是操作更为简单，缺点是养护成本高于覆盖农膜。农膜有保温作用，养护剂却只保水不保温。养护剂的最大优点是可以对不易覆膜和洒水的墙体立面进行有效养护。

(3) 覆盖养护罩

养护罩是一种以铝合金为骨架（或竹木骨架），骨架上蒙有塑料布的透明罩体。浇筑后浆体初凝时就可将罩扣上，既保水又保温，升温养护效果好。但它不适宜大面积养护，且造价较高，不经济。

2. 制品的养护

（1）塑料大棚和日光温室养护

制品养护除蒸汽养护外，目前采用最多且效果最好的养护方法，就是春夏秋三季采用塑料大棚，冬季采用日光温室。其优点是投资小、建造快、升温快，既保湿又保温。最重要的是，这种升温方式养护成本低，不需外加热源，节能效果好，且温度高。夏季棚内最高温度可达70℃，冬季最高温也可达30℃。随着技术的进步，如今可以实现自动控温和控湿，并可采用手机进行远程控制。所以，应大力推广这种养护方式。

（2）节能蒸养窑

近年来，国内研发推出各种形式的节能蒸养窑。它们结构不同，效果有一定的差异，但有一些共同的技术特征：

① 窑体均采用高保温材料，具有良好的保温效果，热量损耗小。

② 配备有热循环风机系统，窑内上下的冷热空气可以循环流动，使各部位受热均匀，热利用效率较高。

③ 窑体内壁涂有远红外发热涂料，有远红外热效应，升温快，节能环保。

④ 采用自动启闭高密封门，养护车出入时自动启闭，密封性较好。

⑤ 多个窑体并联，蒸汽可在几个窑之间换热，减少热损耗。当甲窑降温时，蒸汽抽入乙窑，乙窑降温时，蒸汽排入丙窑，以此类推。

这种窑现在也配备有自动控制系统。因此，它适用于全自动大型生产线，自动化程度高，养护效果好。其24h为一个养护周期，是大型全自动生产线的首选。但它的不足主要是：能耗较高，不经济；投资大，占场地面积大；如果以煤为热源，则有一定的污染。

总结上述大掺量粉煤灰泡沫混凝土的各种生产工艺，其工艺流程无论是现浇施工，还是制品生产，均有一定共性。其共性的工艺流程见图6-3。

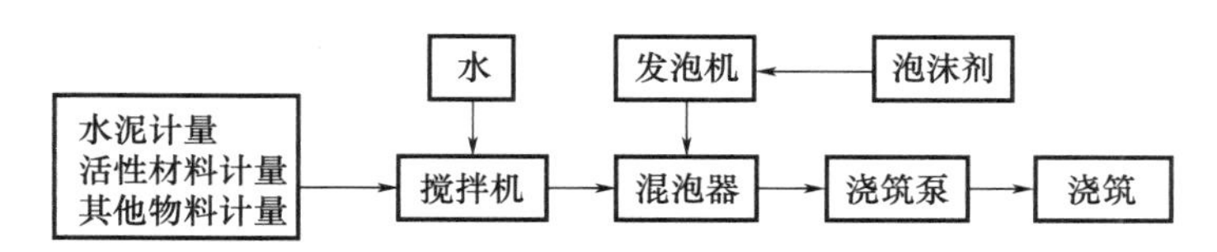

图6-3　粉煤灰泡沫混凝土生产工艺流程

7 钢渣泡沫混凝土自保温砌块

7.1 钢渣泡沫混凝土砌块的开发现状

钢渣是我国大宗固废的主要品种之一，连年堆积量已超过 10 亿 t，而利用率不及 30%，所以开发利用钢渣，是我们最紧迫的任务之一。

从 2007—2012 年的五年间，本书主编曾受中国首钢集团有限公司（以下简称“首钢”）的邀请，有幸协助首钢进行了一些钢渣资源化利用的开发工作。其间，曾多次受邀在首钢作钢渣泡沫混凝土的学术报告，并参与审查了由首钢负责起草的《泡沫混凝土砌块用钢渣》（GB/T 24763—2009）、《耐磨沥青路面用钢渣》（GB/T 24765—2009）等标准，并配合首钢进行了一些钢渣泡沫混凝土砌块的研究工作。

2010 年以后，本书主编又指导一些企业进行了钢渣泡沫混凝土砌块的研究及试生产，但遗憾的是，这些项目均没有形成规模化生产。究其原因，并不是技术问题，当年研究试生产的砌块也都比较成功，均达到实际工程需要的技术要求。之所以不能批量生产，是因为当年的配套标准制定滞后，没有配套的产品技术标准。工程方为规避风险，对钢渣泡沫混凝土砌块不敢采用，产品找不到出路。这说明一个新产品的推广，并不单纯是技术层面的研究与开发，还必须有各种社会配套条件的到位。据本书主编所知，各地钢厂资源利用公司及社会上相关的企业，10 多年来在这方面投入的研究与开发不少，有的还建立了试生产线，但均因为各种条件的不成熟及市场问题，没有大规模推广应用。

从当年协助首钢研发泡沫混凝土砌块至今，10 多年过去了。可以认为，大规模推广应用泡沫混凝土砌块的各方面条件已经具备，可以进入这一产品的市场化运作时期。其原因如下：

1. 有了配套支持的标准

2019 年年底，工业和信息化部发布了建材行业标准《泡沫混凝土自保温砌块》（JC/T 2550—2019）。该标准规定的原材料之一，就有钢渣。

2. 成本下降

以前的钢渣泡沫混凝土砌块水泥用量大、钢渣掺量少，生产成本远高于加气混凝土的售价，市场难以接受。经过10多年的技术创新与科技进步，其生产成本已下降较多，可以达到市场的接受程度。

3. 国家推动钢渣利用的力度加大

近年来，为推动钢渣等固废利用，国家的政策扶持力度加大，释放了很多利好的信息，利废的氛围也在逐年形成。这些为产品的推广应用创造了社会舆论条件，有利于调动砌块生产企业的投资与生产积极性。

7.2 钢渣概况与技术要求

7.2.1 钢渣的来源、类型、性能

1. 钢渣的来源

钢渣是炼钢过程中排放的一种副产品。炼钢的基本原理与炼铁不同，利用空气或氧气去除氧化炉料（主要是生铁）中所含的硫、硅、锰、磷等之类杂质，并在高温下与溶剂（主要是石灰石）起反应，形成熔渣。这种熔渣就是钢渣。

钢渣主要来源于铁水与废钢中所含元素氧化后形成的氧化物，金属炉料带入的杂质，加入的造渣剂如石灰石、萤石、硅石等，以及氧化剂、脱硫产物和被侵蚀的炉衬材料等。其产生率约为粗钢产量的8%~15%。

2. 钢渣的类型

（1）按炼钢炉的类型，钢渣可分为转炉钢渣、平炉钢渣、电炉钢渣。其中，转炉钢渣排放量约占80%。每生产1t转炉钢，排放钢渣130~240kg。平炉由于其炼钢周期较长，属于淘汰炉型，平炉钢渣产量已很低，不到7%。每生产1t平炉钢，排放钢渣170~210kg。其渣的矿物成分与转炉钢渣基本相同。电炉多用于废钢冶炼，其每生产1t电炉钢排放钢渣150~200kg，其渣的矿物成分与平炉钢渣区别不大。目前，电炉钢渣的排放比率为10%~13%。

（2）按炼钢的不同生产阶段，平炉钢渣分为初期渣和末期渣，电炉钢渣分为氧化渣与还原渣。

（3）按钢渣的性质，钢渣又分为碱性渣与酸性渣。

3. 钢渣的性能

（1）密度：由于钢渣含铁量较高，因此密度大于矿渣，一般在3.1～3.6g/cm³。

（2）堆密度：钢渣的堆密度不仅受其密度影响，还与粒度有关。通过80目标准筛的渣粉，平炉渣的堆密度为2.17～2.20g/cm³，电炉渣为1.62g/cm³左右，转炉渣为1.74g/cm³左右。

（3）易磨性：钢渣的易磨性与其矿物组成及结构有关。若把标准砂的易磨指数作为1，则矿渣为1.04，钢渣为1.43，钢渣比矿渣耐磨。

（4）活性：C_3S、C_2S等为活性矿物，具有水硬胶凝性。当细渣中成分比值（碱度）$CaO/(SiO_2+P_2O_5)$大于1.8时，便含有60%～80%的C_3S和C_2S，并且碱度值的提高，C_3S的含量增长。当碱度达到2.2以上时，钢渣的主要矿物为C_3S。C_3S和C_2S含量较高的高碱度钢渣，可用于生产水泥和建材制品。

（5）稳定性：钢渣含游离氧化钙(f-CaO)/MgO、C_3S、C_2S等，这些组分在一定条件下都具有不稳定性。碱度高的熔渣在缓冷时，C_3S会在1250～1100℃时缓慢分解出C_2S和f-CaO；C_2S在675℃时β-C_2S要相变为γ-C_2S，并且发生体积膨胀，膨胀率达10%。另外钢渣吸水后，f-CaO要消解为$Ca(OH)_2$，体积将膨胀1～3倍，MgO会变成$Mg(OH)_2$，体积也要膨胀77%。因此，含f-CaO、MgO的常温钢渣是不稳定的，只有f-CaO、MgO消解完或含量很少时，才会稳定。

（6）抗压性：钢渣抗压性能好，压碎值为20.4%～30.8%。

7.2.2 钢渣的成分

不同的炼钢工艺、不同的生产阶段、不同的矿石原料、不同的钢种，其排放的钢渣，化学成分及矿物成分是不同的，应用时应注意其差别。

1. 转炉钢渣的成分

（1）化学成分

各钢厂转炉钢渣的化学成分不尽相同，见表7-1。

表7-1 几个钢厂转炉钢渣的化学成分 %

单位	CaO	MgO	SiO_2	Al_2O_3	FeO	Fe_2O_3	MnO	P_2O_5	f-CaO
宝钢	40～49	4～7	13～17	1～3	11～22	4～10	5～6	1～1.4	2～9.6
马钢	15～50	4～5	10～11	1～4	10～18	7～10	0.5～2.5	3～5	11～15
上钢	45～51	5～12	8～10	0.6～1	5～20	5～10	1.5～2.5	2～3	4～10
邯钢	42～54	3～8	12～20	2～6	4～18	2.5～13	1～2	0.2～1.3	2～10

（2）矿物成分

不同碱度，转炉钢渣的矿物成分也不同，见表7-2。

表7-2 不同碱度转炉钢渣的矿物组成 %

碱度	C_3S	C_2S	CMS	C_3MS_2	C_2AS	$CaCO_3$	RO
4.24	50～60	1～5	—	—	—	—	15～20
3.07	35～45	5～10—	—	—	—	—	15～20
2.73	30～35	20～30—	—	—	—	—	3～5
2.62	20～30	10～20—	—	—	—	—	15～20
2.56	15～25	20～25—	—	—	—	—	40～50
2.11	少量	20～30—	—	—	—	5～10	15～20
1.24	—	5～10	20～25	20～30	5～10	—	7～15

2. 平炉钢渣的成分

（1）化学成分

马钢等几个钢厂平炉钢渣的化学成分见表7-3。不同钢厂的平炉钢渣化学成分有一定不同。

表7-3 平炉钢渣的化学成分 %

单位	渣种	CaO	MgO	SiO_2	FeO	Fe_2O_3	MnO	Al_2O_3	P_2O_5
马钢	初期渣	18～30	5～8	9～34	27～31	4～5	2～3	1～2	6～11
	精炼渣	42～55	6～12	10～20	10～20	5～11	1～2	2～5	3～8
武钢	初期渣	20～30	7～10	20～40	30～35	—	2～6.5	10～12	1～3
	精炼渣	40～50	9～12	16～18	8～14	—	0.5～1	7～8	0.5～1.5
湘钢	初期渣	10～50	5～8	20～25	40～50	—	5～7	2～6	1～1.8
	精炼渣	35～50	5～15	10～25	8～18	2～18	1～5	3～10	0.2～1

（2）矿物成分

平炉钢渣矿物组成与转炉钢渣组成基本相似。CaO含量低、碱度小的初期渣以橄榄石、蔷薇辉石为主；CaO含量高、碱度大的末期渣以C_3S、C_2S及RO相为主。

3. 电炉钢渣的成分

（1）化学成分

各钢厂由于炉型及工艺的差异，电炉钢渣的化学成分也有些差异。成都钢厂的氧化渣、上海钢厂的还原渣的化学成分见表7-4。

表 7-4　电炉钢渣化学成分　　%

单位	渣种	CaO	MgO	SiO_2	FeO	Al_2O_3	MnO	P
成都钢厂	氧化渣	29～33	12～14	15～17	19～22	3～4	4～5	0.2～0.4
上海钢厂	还原渣	44～55	8～13	11～20	0.5～1.5	10～18	—	—

（2）矿物成分

电炉钢渣的矿物成分与平炉钢渣相似。目前，每生产 1t 电炉钢约排放 150～200kg 钢渣，其中氧化渣占 55%。

7.2.3　泡沫混凝土砌块对钢渣的技术要求

泡沫混凝土用钢渣有一定的技术要求，具体如下：

（1）泡沫混凝土用钢渣均应是陈化渣或进行过消解处理的新渣。其 f-CaO 和 MgO 含量应符合安定性要求。不经过陈化和消解的新渣不能使用。陈化和消解过的钢渣使用前也应做安定性检测，安定性符合要求才能使用。

（2）准备用作泡沫混凝土砌块原料的钢渣，C_3S 含量应较高，并应采用水淬或风淬急冷处理，不得采用缓冷处理。凡缓冷处理的钢渣，不宜选作泡沫混凝土原料。

（3）钢渣应选用高碱度高活性型，其碱度应大于 1.8。碱度小于 1.8 者不可选用。

（4）泡沫混凝土砌块用钢渣砂应符合下列要求：

其整体质量要求应符合国家标准《泡沫混凝土砌块用钢渣》（GB/T 24763—2009），具体要求如下：

① 规格应选用细砂。其细度模数为 2.2～1.6。不得选用中砂和粗砂。

② 其他技术指标应符合表 7-5 的要求。

表 7-5　钢渣砂技术要求

项目		一级	二级
比表面积/（m^2/kg）		≥400	
含水量/%		≤1.0	
碳化物及硫酸盐含量（折算成 SO_3^- 按质量计）/%		≤1.0	
活性指数/%	7d	≥65	≥55
	28d	≥80	≥65
流动度比/%		≥90	
压蒸安定性		合格	

7.3　其他原材料的技术要求

7.3.1　水泥的选择及技术要求

钢渣泡沫混凝土砌块属于水泥混凝土的范围，其强度主要来源于水泥，次要来源于钢渣，钢渣只起辅助作用。所以水泥仍然占据强度来源的主导地位，其选择及技术要求十分重要。

1. 水泥的选择

钢渣在掺加量较大时，泡沫混凝土浆体凝结较慢，容易引发浇筑后塌模。因为泡沫本身有缓凝作用，再加上钢渣水化慢，两者的因素叠加，当钢渣掺加量超过50%时，浆体就会长时间不凝结（750min），泡沫支撑不了那么长时间，就会消泡塌模。

鉴于上述原因，生产钢渣泡沫混凝土砌块时，为弥补钢渣大量加入时的缓凝性，就要选用凝结速度较快的水泥品种。首选为快硬硫铝酸盐水泥，其次为菱镁水泥。由于菱镁水泥价高且缺点多，建议选用快硬硫铝酸盐水泥。这种水泥初凝时间仅为35～45min，固泡稳泡效果好，是泡沫混凝土大掺量钢渣制品最适合的胶凝材料。快硬硫铝酸盐水泥有42.5、52.5、62.5、72.5等强度等级，考虑使用成本，选用42.5级。

2. 快硬硫铝酸盐水泥的技术特点

（1）快凝快硬。初凝时间为30～40min，终凝40～60min，硬化至脱模强度仅需3～5h，是常用水泥中凝结硬化最快的水泥品种之一。其1d抗压强度可达28d强度的60%，3d抗压强度可达28d强度的86%。

（2）低碱性。它的pH值仅为10.5～11.0，比普通硅酸盐水泥低得多（普通硅酸盐水泥的pH值在13%左右）。所以，它可以用玻璃纤维增强，不会产生碱腐蚀。

（3）抗渗、抗冻性。优于通用水泥，抗渗等级高，负温可施工。

（4）不耐碳化。它的抗碳化能力较差，表面易风化，所以耐久性略差。

（5）不耐热。它的水化产物钙矾石含有32个结晶水，在150℃时，一部分结晶水就会受热后脱离，而使其分解。所以，在150℃以上时使用，强度会受到一定的影响。但其结晶水脱离后仍会吸收回来，受热强度下降后，遇水强度仍会恢复，而其他水泥没有强度可以恢复的特点。

(6) 水化热容易集中，而产生制品坯体热裂。硅酸盐水泥的水化热仅375～525J/g，快硬硫铝酸盐水泥的水化热高达450～550J/g，而且它水化速度极快，8～48h内热量就大部分释放出来（硅酸盐水泥要48～72h)。所以它的水化热容易集中释放，引起制品坯体热裂、烧芯等弊病。但加入大量固废可克服这一缺陷。

(7) 微膨胀。28d的自由膨胀率为0.05%～0.15%。缺点：当其热集中产生热裂时，它的微膨胀性会加剧热裂。优点：它的微膨胀性可降低干缩，抵消产品干缩开裂。

(8) 强度持续增长。低碱度硫铝酸盐水泥强度会倒缩（因其石膏含量较大)。而快硬硫铝酸盐水泥则由于石膏掺入少则没有强度倒缩的毛病。它不但不倒缩，反而持续增长，半年后增长14%。所以，它有良好的强度储备。

(9) 早期弹性模量与其强度同步增长，使其早期就具备较强的抗变形能力。可以提前脱模，有利于模具周转。

(10) 密度低于硅酸盐水泥5%～10%，具有质轻的优势。它的熟料密度一般为2.87～2.95g/cm^3，比硅酸盐低一些。

3. 快硬硫铝酸盐水泥的质量要求

快硬硫铝酸盐水泥的质量要求，见国家标准《硫铝酸盐水泥》(GB/T 20472—2006) 中的相关规定。2003年，曾颁布一个建材行业标准《快硬硫铝酸盐水泥》(JC 933—2003)。但是，后来又出现了低碱度硫铝酸盐水泥、自应力硫铝酸盐水泥等新品种，为了使几种同类的水泥标准统一，国家才将这几种水泥一并归入《硫铝酸盐水泥》(GB 20472—2006) 中。所以，我们现在应按这一标准执行。这一标准对快硬硫铝酸盐水泥的强度指标规定见表7-6，对其物理性能及石灰石掺量的规定见表7-7。

表7-6 快硬硫铝酸盐水泥的强度等级 MPa

强度等级	抗压强度			抗折强度		
	1d	3d	28d	1d	3d	28d
42.5	30.0	42.5	45.0	6.0	6.5	7.0
52.5	40.0	52.5	55.0	6.5	7.0	7.5
62.5	50.0	62.5	65.0	7.0	7.5	8.0
72.5	55.0	72.5	75.0	7.5	8.0	8.5

表 7-7 快硬硫铝酸盐水泥物理性能及石灰石掺量

项目			指标值
比表面积/(m^2/kg)			350
凝结时间/min	初凝	≤	25
	终凝	≥	180
石灰石掺加量/%		≤	15

7.3.2 泡沫剂及减水剂的选择与技术要求

1. 泡沫剂的选择与技术要求

泡沫剂是生产钢渣泡沫混凝土砌块的主要原料之一。它所制备的泡沫可以在钢渣与水泥胶结体形成微细气孔，而赋予砌块保温性、隔热性、轻质性等一系列优异性能。

由于大掺量钢渣泡沫混凝土料浆凝结慢，即使采用快硬硫铝酸盐水泥，凝结时间也会延长。如果泡沫剂质量差，就会在生产中造成消泡塌模，所以要求使用技术要求比《泡沫混凝土用泡沫剂》（JC/T 2199—2013）规定的更高的泡沫剂。显然，现有市场上流行的那些大众化泡沫剂均达不到产品生产的技术要求。从保证生产技术条件出发，应选择华泰公司研发的泡沫混凝土制品 GF 系列泡沫剂。

GF 系列泡沫剂具有如下性能与特点：

（1）符合泡沫混凝土气孔微细化的要求。它能有效降低泡沫混凝土孔径，使之达到微米级控制尺寸范围。

（2）能够在泡沫混凝土中形成十分细密的泡孔结构。泡孔大小均匀一致，孔径分布范围窄，大部分孔径控制在 100～300μm 范围内，离散性小。泡孔在硬化体内的空间分布也比较均匀，以闭孔为主，闭孔率达到 95% 以上。

（3）用此泡沫剂所制备的泡沫混凝土具有超强的稳定性。包括在空气中的稳定性和在水泥浆体中的稳定性。

（4）泡沫剂在所制泡沫超强稳定的情况下，仍能保持高发泡性，其发泡倍数应不低于 40 倍［《泡沫混凝土用泡沫剂》（JC/T 2199—2013）规定仅 17～30 倍］。

（5）具有良好的性价比，生产成本和价格较低，具有价格竞争优势，易于被企业接受。

综合质量、性能等各项指标均接近或达到进口高档泡沫剂要求，可以取代进口品。

2. 减水剂的选择及技术要求

泡沫混凝土的生产需配比减水剂。添加减水剂有利于料浆浇筑时的流动性、泡沫的均匀性，并能提高产品的强度。

经反复试配，在聚羧酸减水剂、三聚氰胺甲醛减水剂（密胺减水剂）、萘系减水剂（FDN）三种减水剂中，聚羧酸高效减水剂的适应性最好。所以，笔者建议在实际生产中采用聚羧酸减水剂。但由于粉体聚羧酸减水剂的价格较高，不经济，而液剂则性价比更高，在生产时最好选用有效成分含量40%的液剂产品。

聚羧酸系高性能减水剂应满足中华人民共和国建筑工业行业标准《聚羧酸系高性能减水剂》（JG/T 223—2017）的有关技术要求。其具体要求应按表7-8执行。

表7-8　掺聚羧酸高性能减水剂混凝土性能指标

<table>
<tr><td rowspan="2" colspan="2">项目</td><td colspan="6">产品类型</td></tr>
<tr><td>标准型 S</td><td>早强型 A</td><td>缓凝型 R</td><td>缓释型 SR</td><td>减缩型 RS</td><td>防冻型 AF</td></tr>
<tr><td colspan="2">减水率/%</td><td colspan="6">≥25</td></tr>
<tr><td colspan="2">泌水率比/%</td><td>≤60</td><td>≤50</td><td>≤70</td><td>≤70</td><td>≤60</td><td>≤60</td></tr>
<tr><td colspan="2">含气量/%</td><td colspan="5">≤6.0</td><td>2.5～6.0</td></tr>
<tr><td rowspan="2">凝结时间差/min</td><td>初凝</td><td rowspan="2">-90～+120</td><td rowspan="2">-90～+90</td><td>>+120</td><td>>+30</td><td rowspan="2">-90～+120</td><td rowspan="2">-150～+90</td></tr>
<tr><td>终凝</td><td>—</td><td>—</td></tr>
<tr><td colspan="2">坍落度经时损失/mm（1h）</td><td>≤80</td><td>—</td><td>—</td><td>≤-70（1h），
≤-60（2h），
≤-60（3h）
且>-120</td><td>≤+80</td><td>≤+80</td></tr>
<tr><td rowspan="4">抗压强度比/%</td><td>1d</td><td>≥170</td><td>≥180</td><td>—</td><td>—</td><td>≥170</td><td>—</td></tr>
<tr><td>3d</td><td>≥160</td><td>≥170</td><td>≥160</td><td>≥160</td><td>≥160</td><td>—</td></tr>
<tr><td>7d</td><td colspan="5">≥150</td><td>—</td></tr>
<tr><td>28d</td><td colspan="5">≥140</td><td>—</td></tr>
<tr><td colspan="2">收缩率比/%</td><td colspan="6">≤110</td></tr>
<tr><td colspan="2">50次冻融循环强度损失率比/%</td><td colspan="5">—</td><td>≤90</td></tr>
</table>

注：坍落度损失中正号表示坍落度经时损失的增加，负号表示坍落度经时损失的减少。

7.4 砌块产品设计及性能要求

7.4.1 产品设计

1. 产品结构设计

砌块产品结构设计为三种：实心单一基材自保温砌块、复合自保温砌块、装饰保温一体化自保温砌块。

（1）实心单一基材自保温砌块

以钢渣泡沫混凝土为单一基材制成、实心型，其所砌筑墙体具有自保温功能的砌块，简称实心单一基材自保温砌块。

（2）复合自保温砌块

由钢渣泡沫混凝土基材与绝热材料组成复合结构型的自保温砌块，简称复合自保温砌块。绝热材料为芯层，钢渣泡沫混凝土为面层，组成夹芯结构。其保温隔热性及轻质性能比实心单一基材钢渣自保温砌块更为优异。

（3）装饰保温一体化自保温砌块

以钢渣泡沫混凝土基材为主体层，以装饰板为面层，所组合成的复合结构型，集装饰与保温一体化的砌块，简称装饰保温一体化自保温砌块。这种砌块在砌筑后墙体已具有装饰面层，不需要进行装饰。

2. 产品干表观密度设计

本砌块设计500级、600级、700级和800级四个干表观密度等级。其中，500级的干表观密度范围≤530kg/m^3；600级的干表观密度范围为540～630kg/m^3；700级的干表观密度范围为640～730kg/m^3；800级的干表观密度范围为740～830kg/m^3。

3. 产品规格设计

本砌块的基本尺寸设计见表7-9。其他特种规格可由供需双方商定。

表7-9 砌块的基本尺寸设计 mm

长度	宽度	高度
390、590	190、240、260、280、310	190、240、300

4. 产品的立方体抗压强度分级设计

（1）实心单一基材自保温砌块，其产品的立方体抗压强度分为

A3.5、A5.0 和 A7.5 三个等级。

（2）复合自保温砌块与装饰保温一体化自保温砌块，其产品的立方体抗压强度分为 MU3.5、MU5.0 和 MU7.5 三个等级。

7.4.2 性能要求

1. 尺寸允许偏差

尺寸允许偏差应符合表 7-10 的规定。

表 7-10 尺寸允许偏差 mm

项目	允许偏差
长度	±3
宽度	±2
厚度	±2

2. 强度等级

（1）实心单一基材自保温砌块的强度等级应符合表 7-11 的规定。

（2）复合自保温砌块与装饰保温一体化自保温砌块的强度等级应符合表 7-12 的规定。

表 7-11 实心单一基材自保温砌块的强度等级 MPa

强度等级	立方体抗压强度	
	平均值	单块最小值
A3.5	≥3.5	≥2.8
A5.0	≥5.0	≥4.0
A7.5	≥7.5	≥6.0

表 7-12 复合自保温砌块与装饰保温一体化自保温砌块的强度等级 MPa

强度等级	立方体抗压强度	
	平均值	单块最小值
MU3.5	≥3.5	≥2.8
MU5.0	≥5.0	≥4.0
MU7.5	≥7.5	≥6.0

3. 体积吸水率和干燥收缩值

（1）体积吸水率应不大于 28%；

（2）干燥收缩值应不大于 0.9mm/m。

4. 导热系数 λ 值

实心自保温砌块标记的导热系数 λ 值应符合表 7-13 的规定。

表 7-13 实心自保温砌块标记的导热系数 λ 值

W/(m·K)

导热系数 λ 值标记值	$\lambda_{0.10}$	$\lambda_{0.11}$	$\lambda_{0.12}$	$\lambda_{0.14}$	$\lambda_{0.16}$	$\lambda_{0.18}$	$\lambda_{0.20}$
导热系数 λ 值实测值	≤0.10	≤0.11	≤0.12	≤0.14	≤0.16	≤0.18	≤0.20

5. 传热系数 K 值

复合自保温砌块标记的传热系数 K 值应符合表 7-14 的规定。

表 7-14 传热系数 K 值标记值 W/(m²·K)

传热系数 K 值标记值	传热系数 K 值实测值	传热系数 K 值标记值	传热系数 K 值实测值
$K_{1.00}$	≤1.00	$K_{0.38}$	≤0.38
$K_{0.90}$	≤0.90	$K_{0.35}$	≤0.35
$K_{0.80}$	≤0.80	$K_{0.32}$	≤0.32
$K_{0.75}$	≤0.75	$K_{0.29}$	≤0.29
$K_{0.70}$	≤0.70	$K_{0.26}$	≤0.26
$K_{0.65}$	≤0.65	$K_{0.23}$	≤0.23
$K_{0.60}$	≤0.60	$K_{0.20}$	≤0.20
$K_{0.55}$	≤0.55	$K_{0.18}$	≤0.18
$K_{0.50}$	≤0.50	$K_{0.16}$	≤0.16
$K_{0.47}$	≤0.47	$K_{0.14}$	≤0.14
$K_{0.44}$	≤0.44	$K_{0.12}$	≤0.12
$K_{0.41}$	≤0.41	$K_{0.10}$	≤0.10

6. 抗冻性

抗冻性应符合表 7-15 的规定。

表 7-15 抗冻性

使用条件	抗冻指标	质量损失率	强度损失率
夏热冬暖地区	D_{15}	平均值≤5% 单块最大值≤10%	平均值≤20% 单块最大值≤30%
夏热冬冷地区	D_{25}		
寒冷地区	D_{35}		
严寒地区	D_{50}		

7. 软化系数

软化系数应不小于 0.85。

8. 碳化系数

碳化系数应不小于0.85。

9. 放射性核素限量

应符合《建筑材料放射性核素限量》（GB 6566—2010）的规定。

7.5 配合比设计

钢渣泡沫混凝土自保温砌块由水泥、钢渣粉、钢渣砂、细渣砂、聚羧酸高性能减水剂、羟丙基甲基纤维素、聚丙烯纤维、水、泡沫等材料组成，下面分别介绍其配比量。

7.5.1 水泥的配比量

钢渣泡沫混凝土自保温砌块的强度来源以水泥为主。水泥的配比量及配比方式将决定砌块的主要力学性能的强弱。

1. 快硬硫铝酸盐水泥与普通硅酸盐水泥的比例

为加快大掺量钢渣泡沫混凝土砌块浆体的凝结，必须选用快硬硫铝酸盐水泥与普通硅酸盐水泥的复合胶凝体系。其中，以快硬硫铝酸盐水泥为主，以普通硅酸盐水泥为辅。其中，快硬硫铝酸盐水泥与普通硅酸盐水泥的比例宜采用9∶1。如果快硬硫铝酸盐水泥占比下降，凝结速度将受到较大影响，浆体凝结变慢，发泡效果差，产品脱模周期增长。而若普通硅酸盐水泥的配比量过低（如5%）或不掺，硬化体的强度会有所降低，抗碳化性能也会下降。生产实践证明，少量普通硅酸盐水泥与快硬硫铝酸盐水泥的复合作用，既不影响浆体的凝结速度，又可以提高产品的强度。当普通硅酸盐用量为水泥总配比量的10%时，效果为最佳，可提高强度的3%～3.5%。但当普通硅酸盐水泥用量过大（>10%）时，则产品强度会下降。两者的比例以1∶1时效果最差。

2. 水泥的配比量

由于砌块的强度主要来源于水泥，其配比量不可过低，最低配比量以40%为宜。低于40%时砌块强度难以达到标准要求。但水泥的配比量也不可过高，其最高配比量为55%，虽砌块强度较好，但成本上升过大，且钢渣的配比量也太低（不足45%），达不到大掺量的要求。权衡砌块强度、生产成本、钢渣的利用率，综合考虑，水泥在砌块实际生产中的配比范围，应为总固体物料质量的45%～60%，最合适的配比量在50%左右。水泥的配比量还与其他因素有关，如产品密度设计、抗压强度等级设计、外加剂的掺量、一级钢渣的质量、养护条件等。其具体的配比量应视产品设计及工艺设计而定。

7.5.2　钢渣的配比量

钢渣在配比中既是辅助胶凝材料，又是集料。以钢渣粉与钢渣砂两种形态配比，不仅可以加大其配比量、实现大掺量，而且可以提高产品的性能，降低生产成本。

1. 钢渣粉的配比量

钢渣粉在配比中有三种作用：一是直接活性效应（显性活性效应），其含有的大量 C_3S 和 C_2S 可以直接水化，产生 C-S-H 凝胶，发挥辅助胶凝作用。C_3S 和 C_2S 都是水泥的主要活性矿物成分，可以直接水化，只是含量没有水泥熟料高，但其对强度的贡献显然大于活性 SiO_2 和 Al_2O_3。这是钢渣的活性优于粉煤灰的主要原因。二是间接的隐性活性效应，即火山灰效应。钢渣粉里含有大量的活性 SiO_2 和活性 Al_2O_3。这些活性成分可与水泥中水化产物 $Ca(OH)_2$ 发生二次水化反应，生成 C-S-H和 C-Al-N 等凝胶，也可以产生辅助的胶凝作用。三是其超细颗粒可产生微集料效应，取代部分未水化完的水泥颗粒芯核，形成水泥水化凝胶的骨架，虽不直接产生胶凝作用，但可以提高胶凝体的强度。上述三个效应，可以使钢渣成为产品强度的较大贡献者之一，可以大幅降低水泥的配比量。

钢渣粉在配合比中的合适配比量为35%～45%，常用配比量为40%。如果其配比量高于45%，则产品强度上不去；若低于35%，则钢渣的利用率太低，且产品成本高。

2. 钢渣砂的配比量

钢渣砂在配合比中宜采用细砂，即细度模数为1.6～2.2。一般不宜采用中粗砂。因为砂的颗粒越大，在水泥泡沫混凝土中下沉就越快，容易在成浆体分层和泌水，下沉砂子还会压迫底部泡沫，引发塌模。

钢渣砂主要充当水泥泡沫混凝土的细集料，为水泥和钢渣粉的水化胶凝提供支撑骨架。自发明、应用以来，泡沫混凝土一直为纯水泥浆体加泡沫，不使用重集料（不管是粗集料还是细集料），所以，泡沫混凝土强度一直较低。近年来，人们开始在泡沫混凝土中加入一定量的细砂集料，并取得了成功，使泡沫混凝土干缩大、强度低等问题有了一定的改善，尤其是干缩明显减小，由干缩引发的裂纹确实已经得到一定的控制。以前泡沫混凝土多使用河砂，成本高。钢渣砂作为河砂的理想取代品，可以降低使用成本，应予推广。

钢渣砂的配比量范围宜在 15% ~30%，以 20% 佳，配比量过大，浆体难以支撑，容易下沉，更重要的是增大砌块密度和导热系数。而配比量过小，集料的抗干缩作用不明显。统筹考虑钢渣粉的掺量，其配比 20% 左右已不少。按钢渣粉配比 40% 计，加入 20% 的钢渣砂，钢渣的总掺量已达 60%，属于较大掺量，比较理想。

7.5.3 外加剂的配比量

1. 高性能聚羧酸减水剂的配比量

高性能聚羧酸减水剂在产品的配比中发挥的主要作用，一是降低水灰比，二是提高泡沫混凝土浆体浇筑的流动性和泵送性。泡沫可以降低浆体的流动性，其加量越大，浆体流动性越差。超低密度泡沫混凝土的泡沫加量很大，这时浆体几乎失去了流动性，成了面团状，加入减水剂，可以明显地提高浆体流动性，方便浇筑与泵送。

高性能聚羧酸减水剂的合适配比量为 0.6% ~1.0%。考虑使用成本及泵送性，加入水泥及钢渣粉总量的 0.8% 即可。

2. 羟丙基甲基纤维素的配比量

本配合比中必须加入适量的羟丙基甲基纤维素，并不可或缺。它在配比中的主要作用：一是增加泡沫稳定性。它是泡沫稳定剂，微量加入，稳泡效果极佳。二是增稠，防止钢渣砂下沉分离，提高钢渣砂在浆体中的悬浮性。三是增黏增强，微量加入可提高产品强度。

羟丙基甲基纤维素的合适配比量为 0.02% ~0.03%。具体配比量一要看稳泡要求，二要看砂的配比量，三要看泵送浇筑对黏稠性的要求。当稳泡要求高、砂的配比量大、泵送浇筑要求不高时，其配比量可以取大值，反之则取小值。在一般情况下，可取中间值 0.025%（占水泥与钢渣总量的百分比）。

3. 聚丙烯纤维的配比量

加入聚丙烯纤维的目的主要是抗缩抗裂、提高产品的强度。在通常情况下都应配比。配比量过大时，不易搅拌和泵送浇筑。配比量过小时，起不到抗缩抗裂及增强作用。建议按水泥及钢渣总量的 0.3% ~ 0.6% 配比，其长度宜选用 6 ~ 12mm。

7.5.4 泡沫的配比量

泡沫的加量决定砌块的密度。其加量越大，产品密度越低，孔隙率越高。其适宜的配比量由三个因素决定。

（1）产品的干表观密度等级。砌块干表观密度等级越大，泡沫配比量越小。砌块的干表观密度等级有 500 级、600 级、700 级、800 级，其泡沫加量也就有 4 个相对应的值。

（2）泡沫剂的品种及其发泡、稳泡性能。不同的泡沫剂，其起泡、稳泡性能不同，每 1kg 泡沫剂发泡量从 300 ~ 900L 均有，可能会相差数倍。更主要的是其稳泡性也不同。发出的泡沫，在水泥料浆中的稳泡性差异非常大。稳泡性不好的泡沫，加入料浆中 100L，消泡后连 30L 都难以形成气孔。而性能优异的泡沫，基本不消泡，加入料浆中 100L，形成 90L 以上的气孔（泡沫剂 90% 可以形成气孔）。

（3）配合比中的设计。料浆中如果有影响泡沫稳定性的物料或其中含有消泡的杂质（如水的硬度大，水泥中助磨剂有消泡性等），也会影响泡沫的稳定性。

泡沫的加量不等于最终的有效成孔量。所以有效的泡沫才能决定最终的成孔率和密度。最终决定泡沫加量实际有两大因素：砌块的干表观密度等级要求以及泡沫加量及其保留率。这不是理论计算可以预先设定的，必须通过适配取得泡沫保留率的数据，才可以计算出生产中泡沫真实的配比量。

7.5.5 配合比设计举例

根据上述各物料的配合比设计要求我们可以大致得出以下的配合比设计范围：普通硅酸盐水泥 5%，快硬硫铝酸盐水泥 45%，钢渣粉 35%，钢渣砂 15%，高性能聚羧酸液体减水剂（浓度 40%）0.6% ~1.0%，羟丙基甲基纤维素 0.02% ~0.03%，聚丙烯短切纤维 0.3% ~0.6%，水料比 0.4 ~0.5。钢渣总掺量为 50%。减水剂、纤维素、聚丙烯纤维的配比量均为其占水泥与钢渣总质量的外加比例。

按照这一配合比范围，笔者针对不同的设计密度，列举几个配方示例。这里仅是示例，并不代表实际生产配合比。实际配合比还要根据物料质量、生产条件、技术要求设计。

1. 500级实心单一基材自保温砌块配比（$1m^3$）

快硬硫铝酸盐水泥（42.5级）180kg，普通硅酸盐水泥（42.5级）20kg，钢渣粉（比表面积400m^2/kg）160kg，钢渣砂60kg，高性能聚羧酸液体减水剂（浓度40%）2.4kg，羟丙基甲基纤维素120g，聚丙烯短切纤维2kg，水160kg（水料比0.4）。钢渣总掺量55%。

2. 700级复合自保温砌块配比（$1m^3$）

快硬硫铝酸盐水泥（42.5级）240kg，普通硅酸盐水泥（42.5级）30kg，钢渣粉（比表面积400m^2/kg）260kg，钢渣砂100kg，高性能聚羧酸液体减水剂（浓度40%）3kg，羟丙基甲基纤维素180g，聚丙烯短切纤维3.6kg，水300kg（水料比0.5）。钢渣总掺量60%。

3. 800级装饰保温一体化自保温砌块配比（$1m^3$）

快硬硫铝酸盐水泥（42.5级）300kg，普通硅酸盐水泥（42.5级）50kg，钢渣粉（比表面积400m^2/kg）280kg，钢渣砂70kg，高性能聚羧酸液体减水剂（浓度40%）4.2kg，羟丙基甲基纤维素215g，聚丙烯短切纤维4kg，水380kg（水料比0.5）。钢渣总掺量50%。

7.6 生产设备与生产工艺

7.6.1 生产设备

2010—2013年，笔者曾研发了一套全自动大型钢渣泡沫混凝土砌块生产线，并用于试生产。其使用效果较好，可用于实际生产。

1. 生产线技术参数

设计掺量：每班（8h）400m^3，年（300d）12万m^3。
装机容量：215kW。
操作工人数：每班6人（不含搬运工）。
外观尺寸：长160m×宽2.4m×高3m（局部7m）。
安装周期：2个月。
车间面积：4500m^2。

2. 生产线设备组成

（1）自动配料系统（含储料罐）；

（2）物料输送除尘系统；
（3）三级搅拌制浆系统；
（4）浇筑成型系统；
（5）模车运转系统；
（6）早期自动循环养护窑；
（7）自动脱模系统；
（8）模车清理及涂刷脱模剂系统。

图 7-1 为该生产线主机系统概貌，图 7-2 为该生产线车间一角。

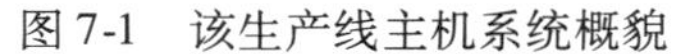
图 7-1 该生产线主机系统概貌

图 7-2 该生产线车间一角

3. 生产线主要特征

（1）自动控制、微机编程、人机对话，自动化程度高。

（2）用人少。生产人工成本低，140m 长的生产线每班只用操作工 6 人。现在，工人工资日益高涨，用人少已成生产线基本要求，本生产线适应了这一趋势。

（3）配备了先进的除尘系统，配料、送料、搅拌，设备均全封闭，实现了无尘化操作，清洁生产，安全环保。

（4）计量配料精确。各种固体物料（水泥、钢渣）的配料误差率仅为 0.5%，液体外加剂计量误差率为 0.1%，粉体外加剂误差率为 0.2%。

（5）分模浇筑自动分料，不需人工干预。各模的干表观密度误差率不足 1%。

（6）自动顶出脱模，液压控制，不需开模和合模，脱模速度快，一台顶出式脱模机相当于 30 个脱模工的人工脱模。

（7）自动早期养护，养护窑温湿度均自动调节，热风循环，窑内上下部位温湿度均匀一致，产品因养护造成的强度误差可忽略不计。

（8）模具自动清理、自动喷涂脱模剂。

7.6.2 生产工艺

1. 生产工艺流程

本生产线的工艺流程如图7-3所示。由图7-3可以清楚地了解生产工艺流程概况。

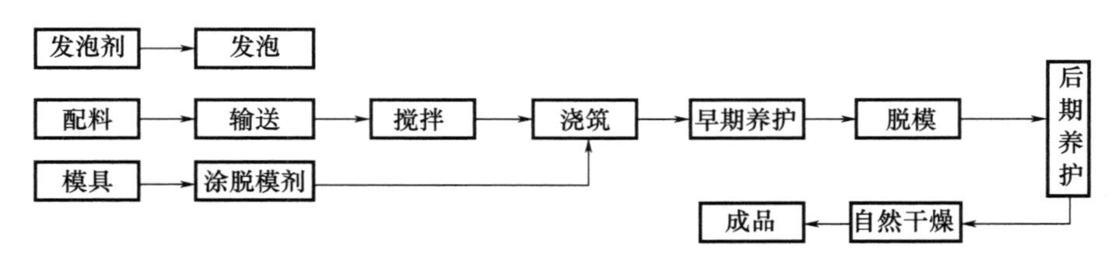

图7-3 生产线的工艺流程

2. 工艺过程详述

本生产线采用的钢渣均已是经过消解或陈化半年以上的陈渣，所以不再详述钢渣预处理工艺。另外，钢渣粉与钢渣砂均采用市售成品，不再设粉磨、粉碎制砂等工艺，简化了工艺流程，降低了投资。这些工艺均不再详述。

（1）物料计量配料工艺

进厂物料经自动输送设备送入各储料罐。储料罐的容量应大于2个班的需料量，储料罐均应设料位计。

各粉体物料经罐底输送机送入电子秤计量。各液体物料及水经微量计量泵送入流量泵，按配比量计量。

（2）物料输送工艺

各粉体计量好的物料进入螺旋输送机，送入斗式提升机料斗，由斗式提升机料斗送入搅拌机。

各液体计量好的物料及水经由输送泵送入搅拌机。

（3）搅拌工艺

本工艺采用三级搅拌工艺。搅拌机为全封闭式。

一级搅拌为卧式，转速30r/min。其任务是把水与固体物料初步混合为浆体。搅拌时间3min，搅好后卸入二级搅拌机。

二级搅拌为立式，转速1400r/min。其任务是把一级搅拌好的浆体进一步搅拌为高均匀度的浆体。搅拌时间3min，搅好后卸入三级搅拌机。

三级搅拌为卧式，转速60r/min。其任务是将泡沫混入料浆中，并确保混合均匀。泡沫由发泡机自动控量加入搅拌机，混合搅拌3min。然后放料浇筑成型。

（4）浇筑成型工艺

模车带着模箱自动运行到三级搅拌机下面的浇筑位置。

打开放料阀，把浆体注入浇筑分配器中，按一次浇筑块数，把浆体按体积分成若干份（一份浆成型一块砌块）。

打开浇筑分配器底板，向分格模箱放料，一格成型一块砌块。

浇筑好的模车向前缓慢移动，经过刮平器，自动刮平，成型完成。

（5）早期养护工艺

浇筑成型后，模车沿轨道运行，进入分层立式早期养护窑，进行恒温、恒湿早期养护。养护温度为28℃，相对湿度为80%～85%。养护时间为38～48h。

养护时应使用热风循环，保持窑内上下温、湿度一致。

（6）脱模工艺

养护结束，达到脱模强度时，模车自动按设定程序沿轨道出窑。

当模车自动运行到脱模机下面的位置时，自动停车。脱模机启动液压顶出装置，用顶出头将几十块砌块同时顶出模具，完成脱模。

（7）码垛与后期养护

脱模后的成品，经人工转运至后期养护场，码垛、喷水、覆盖篷布或塑料薄膜，进行保湿养护。养护时间为10d，养护期间，每3d洒水一次。10d后，打开覆盖物，让其自然干燥至28d。

（8）检验，挑出残次品，成品即打包出厂。

7.7 产品质量检验规则

本产品执行中华人民共和国建材行业标准《泡沫混凝土自保温砌块》（JC/T 2550—2019）。其各项技术指标均应达到该标准的规定。

本产品检验规则如下。

7.7.1 检验分类

分出厂检验和型式检验。

1. 出厂检验

检验项目：外观质量、尺寸偏差、密度等级、强度等级。

2. 型式检验

检验项目：《泡沫混凝土自保温砌块》（JC/T 2550—2019）第6章

要求的全部项目。

有下列情况之一者，应进行型式检验：

（1）新产品的试制定型鉴定；

（2）正常生产后，原材料、配合比和生产工艺改变时；

（3）正常生产时，每年进行一次；

（4）产品停产三个月以上恢复生产时；

（5）出厂检验结果与上次型式检验有较大差异时。

7.7.2 组批规则

用同一批原材料、相同配合比和生产工艺制成的同一规格尺寸、同一密度等级、同一强度等级、同一导热系数 λ 值标记值或传热系数 K 值标记值的10000 块同种自保温砌块为一批，不足10000 块者亦按一批计。

7.7.3 抽样规则

（1）每批随机抽取32 块自保温砌块做外观质量和尺寸偏差检验。

（2）抽取尺寸偏差和外观质量检验合格的自保温砌块进行其他项目检验，样品数量见表7-16。

表7-16 样品数量 块

检验项目	复合自保温砌块		实心自保温砌块
	$H/B \geq 0.6$	$H/B < 0.6$	
干表观密度	3		6
强度等级	5	10	5
体积吸水率	3		3
干缩收缩值	3		3
导热系数 λ 值	—		按 GB/T 10294 或 GB/T 10295 的规定
传热系数 K 值	按 GB/T 13475 规定		—
抗冻性	10	20	10
软化系数	10	20	10
碳化系数	12	22	12
放射性核素限量	3		3

注：H/B（高宽比）是指复合自保温砌块在实际使用状态下的高度（H）与最小水平尺寸（B）之比。

7.7.4 判定规则

（1）若外观质量和尺寸允许偏差均符合表7-17 和表7-18 的规定，则判该自保温砌块合格，否则判不合格。

表 7-17　外观质量

项目		指标
缺棱掉角	最小尺寸/mm	≤20
	最大尺寸/mm	≤50
	大于以上尺寸的缺棱掉角个数/个	≤1
平面弯曲/mm		≤3
裂纹	贯穿一棱二面的裂纹长度不得大于裂纹所在面的裂纹方向尺寸的总和	1/3
	任一面上的裂纹长度不得大于裂纹方向尺寸的	1/2
	大于以上尺寸的裂纹条数/条	≤1
粘模和损坏深度/mm		≤10
表面疏松、层裂		不允许
表面油污		不允许

表 7-18　尺寸允许偏差　　mm

项目	指标
长度	±3
宽度	±2
高度	±2

（2）若受检的 32 块自保温砌块中，外观质量和尺寸偏差的不合格数不大于 7 块，则判该批自保温砌块合格。否则判不合格。

（3）当所有项目的检验结果均符合《泡沫混凝土自保温砌块》（JC/T 2550—2019）》第 6 章各项技术要求的等级时，则判该批自保温砌块符合相应等级，否则为不合格。

8 煤矸石泡沫混凝土隔墙板

8.1 煤矸石的煅烧与活性

8.1.1 煤矸石简介

1. 煤矸石的排放与污染

煤矸石是一种在煤形成过程中与煤伴生、共生的岩石，是煤炭生产和加工过程中产生的固废。其排放量相当于煤炭产量的10%左右。目前，我国煤矸石已累计堆存约45亿t，占用耕地120万hm^2，每年还会新排放3.0~3.5亿t煤矸石。煤矸石在堆存过程中不但扬尘、污染水源，还因自燃排放有害气体污染空气，并屡屡发生致人死亡事件。因此，煤矸石治理及资源化利用十分紧迫。

2. 煤矸石的分类

（1）按来源可分为煤巷矸石、岩巷矸石、自燃矸石、洗矸石、手选矸石、剥离矸石等。自燃矸石有活性。

（2）按岩石类型可分为黏土岩矸石、砂岩矸石、粉砂岩矸石、钙质岩矸石、铝质岩矸石等。其中黏土岩矸石的量最大，利用价值也最高，可煅烧为高岭土型活性材料而加以利用。

（3）按碳含量分类，可分为四类：一类（小于4%），二类（4% ~ <6%），三类（6% ~ <20%），四类（20% ~ <60%）。其中一、二类煅烧后可用作建材生产的活性材料，三类可生产水泥、砖块，四类可用作燃料。

（4）按铝硅比分类

按铝硅比可分为三个区段：铝硅比大于0.5，含铝高，可制陶瓷、分子筛；铝硅比0.5~0.3，铝和硅皆适中，矿物以高岭土、伊利石为主，适宜煅烧后生产建筑材料；铝硅比小于0.3，硅含量高，适宜做水热蒸压建材产品。

3. 煤矸石的化学组成

煤矸石的化学组成见表8-1。

表 8-1 煤矸石的化学组成 %

化学成分	SiO_2	Al_2O_3	Fe_2O_3	CaO	MgO	Na_2O	K_2O	TiO_2	P_2O_3	C
含量	30～65	15～40	2～10	1～4	1～3	1～2	1～2	0.5～4.0	0.05～0.3	20～30

4. 煤矸石的矿物组成

不同的产地，煤矸石的矿物组成有较大的区别。现将我国部分地区典型煤矸石矿物组成列于表 8-2。

表 8-2 我国部分地区典型煤矸石矿物组成 %

样品	蒙脱石	伊利石	高岭石	石英	方解石	长石	白云石	黄铁矿	菱矿铁
平顶山矸石 1	19.9	5.0	69.7	3.5	—	—	—	—	—
平顶山矸石 2	—	5.6	64.5	—	2.7	—	2.3	—	—
湖南湘水矸石	—	28	32	35	3～4	—	—	1～2	≤1
湖南金竹山矸石	—	25	35	37	≤3	—	—	1～2	≤1
济宁二号矿矸石	—	—	47	31	—	12	—	—	—
徐州煤矸石	—	—	38.9	27.6	3.5	9.8	—	—	12.2
重庆中梁山矸石	7.6	—	36.7	6.9	1.0	—	—	16.7	—

5. 煤矸石的物理性质

煤矸石的密度为 2100～2900kg/m^3，堆积密度为 1200～1800kg/m^3；自燃或煅烧煤矸石的堆积密度为 900～1300kg/m^3。吸水率为 2%～6.0%，塑性指数为 3.0～15。自燃煤矸石吸水率为 3%～11%，软化系数 1.03～0.8。煤矸石具有多孔性，自燃煤矸石孔隙率更高。煤矸石的烧结温度在 1050℃左右，其具有可燃烧性能，可以将其低成本煅烧，生产建材所需要的煅烧煤矸石，提高利用附加值。

8.1.2 煤矸石活性

煤矸石的活性是指其中的 SiO_2、Al_2O_3 等可溶性组分在常温下加水，能与石灰反应生成具有胶凝性水化产物的性质，也称活山灰活性。煤矸石的活性大小取决于其中可溶性的 SiO_2、Al_2O_3 含量及玻璃体的解聚能力。

煤矸石内部结构与活性的关系：

（1）新鲜煤矸石（风化煤矸石）

这种煤矸石主要矿物为高岭土、蒙脱石和伊利石等黏土类矿物，具有稳定的结晶结构，煤矸石中的原子、离子、分子等质点都按一定的规律有序排列，其活性很低或基本上没有活性。

（2）自燃煤矸石

煤矸石在空气中自燃以后缓慢冷却，部分晶体来不及缓慢析晶而以玻璃体状态存在或结晶成细小晶粒，致使晶体存在缺陷，属热力学不稳定结构，存在一定量的活性 SiO_2 和 Al_2O_3，所以说自燃煤矸石具有活性。

（3）煅烧煤矸石

煤矸石中的黏土类矿物在400～800℃时脱除羟基，黏土矿物的层状结构和晶体结构被破坏，一部分铝由六配位变成四配位，矿物结构处于疏松多孔态，内部断键多，比表面积大，呈现热力学介稳状态，分解的 SiO_2、Al_2O_3 具有较大的可溶性，火山灰活性强；当温度继续升高时，内部质点重排、结晶、体积收缩，断键减少，可溶性 SiO_2、Al_2O_3 下降，活性降低。如果高温煅烧后给予急冷，则在急冷过程中液相黏度很快加大，晶核来不及形成，即使有少量晶体，其成长也受到阻碍，故质点不能按一定的次序排列，形成玻璃体结构。玻璃体结构主要是由硅氧四面体和铝氧三面体组成的无规则网络结构，它处于不均衡状态，是热力学不稳定结构，此时的煅烧煤矸石也具有活性。

8.2 煤矸石活性的激发方法

煤矸石的活性需要激发，否则就不会具有活性。其激发方法有热活化、机械物理活化、化学活化等方法。单用任何一种活化方法都达不到最佳的活化效果。正确的、最有效的活化方法是采取复合活化法，即几种方法并用。也就是先将煤矸石热活化（煅烧），在热活化的基础上，再进一步机械活化或加入化学激发剂激发其活性。

8.2.1 煤矸石的热活化

自燃煤矸石可直接利用，因为它本身已经过自燃的热活化过程，具有了活性。但自燃煤矸石不普遍，量少，无法满足大规模资源化利用的条件。要大规模地利用煤矸石，只能首先采用人工煅烧的热活化方法。

1. 热活化原理

煤矸石具有黏土类矿物和相似的化学成分，且煤矸石中含有少量可燃物，对煤矸石煅烧大多不需外加剂燃料，即可制得成本很低的具有火山灰活性的煅烧煤矸石。

煤矸石受热分解与玻璃化，是煤矸石活性的主要来源。通常将1000℃以上煅烧的煤矸石称为高温煅烧煤矸石，1000℃以下煅烧的煤矸石称为低温煅烧煤矸石。煅烧煤矸石可以生成大量的无定形 SiO_2 和 Al_2O_3 非晶体，具有良好的活性。

煤矸石中含有少量的煤和有机物，它们的存在会对胶凝材料的胶凝性能产生不利影响。采用热活化的方法，不但能改善煤矸石的矿物结构以达到活化目的，而且可以除去煤矸石中的煤和有机物。

对以高岭石为主要矿物成分的煤矸石来说，高岭石是由一层硅氧四面体层和一层铝氧八面体层构成的 1：1 型层状硅酸盐矿物，结构层完全相同，层间以氢键相连接，无水分子和离子。其中 Si 和 Al 的配位数分别是 4 和 6。煤矸石在加热到 550～710℃时，其中含水高岭石矿物的羟基结构水缓慢脱除，使高岭石中 Al 的配位数从 6 变为 4 或者 5，同时原来有序结构的高岭石变成无序结构易反应的无水偏高岭石（$Al_2O_3 \cdot 2SiO_2$）、部分可溶解的 SiO_2 以及偏高岭石分解产生部分可溶解的 SiO_2 和 Al_2O_3，形成煤矸石的活性。其反应式见式（8-1）、式（8-2）。

$$\underset{\text{高岭石}}{Al_2O_3 \cdot 2SiO_2 \cdot 2H_2O} \longrightarrow \underset{\text{无水偏高岭石}}{Al_2O_3 \cdot 2SiO_2} + 2H_2O \tag{8-1}$$

$$\underset{\text{无水偏高岭石}}{Al_2O_3 \cdot 2SiO_2} \longrightarrow Al_2O_3 + 2SiO_2 \tag{8-2}$$

至 800～1000℃时，残存的晶格水也全部排出；在 925℃时就会开始转化为新的物相——铝硅尖晶石；升温至 1100℃时，则转化为似莫来石；升温到 1400℃以上，最终生成莫来石和方英石，它们结构稳定导致活性降低。其反应式见式（8-3）、式（8-4）、式（8-5）。

$$\underset{\text{无水偏高岭石}}{2(Al_2O_3 \cdot 2SiO_2)} \xrightarrow{925℃} \underset{\text{铝硅尖晶石}}{2Al_2O_3 \cdot 3SiO_2} + SiO_2 \tag{8-3}$$

$$\underset{\text{铝硅尖晶石}}{2Al_2O_3 \cdot 3SiO_2} \xrightarrow{1100℃} \underset{\text{似莫来石}}{2(Al_2O_3 \cdot 2SiO_2)} + SiO_2 \tag{8-4}$$

$$\underset{\text{似莫来石}}{3(Al_2O_3 \cdot 2SiO_2)} \xrightarrow{1400℃} \underset{\text{莫来石}}{3Al_2O_3 \cdot 2SiO_2} + SiO_2 \tag{8-5}$$

在煅烧过程的熔融阶段初期，煤矸石微粒中的原子产生剧烈的运动，使其硅氧四面体和铝氧八面体只能形成短链，不可能充分地聚合成长链，即熔体中的硅氧链和铝氧链具有较多的断裂点，相当于具有较多的自由端。与此同时，煤矸石会自动生成一些活性矿物，如硅酸钙（$CaO \cdot SiO_2$）和硅酸二钙（$2CaO \cdot SiO_2$）等。因此，煤矸石经低温煅烧后，含有更多的玻璃态和非晶体物质，从而具有较高的活性。若煅烧温度过高或保温时间过长，由于煤矸石被烧死（过烧），灰渣中有一部分 γ-Al_2O_3（具有很强的活性）转变成 α-Al_2O_3，无定形 SiO_2 则转变成其他稳定晶体（如方英石），将导致活性降低。相反，若煅烧时温度过低或保温时间过短，则不能充分激发活性。因此，从提高煅烧煤矸石活性角度来说，煅烧温度要适宜。

对以伊利石为主要矿物的煤矸石来说，伊利石晶体结构属于2∶1型结构单元层的二八面体型，在550～800℃脱水温度范围内，脱水产物的XRD图相似，伊利石的衍射峰仍然存在。这是由于伊利石脱羟基过程较慢，500～700℃时，煤矸石中的矿物还未完全分解失去结构水。在此温度下煅烧的煤矸石，其活性不如750℃煅烧的煤矸石。750℃时伊利石和伊利水云母脱羟基较完全，伊利石的层状结构和晶体结构被破坏。这时，一部分铝配位数由6变为4，矿物结构处于疏松多孔态，内部断键多，比表面积大，分解的SiO_2、Al_2O_3具有较大的可溶性，火山灰活性大；当温度继续升高时，内部质点重排、结晶、体积收缩，断键减少，可溶性SiO_2、Al_2O_3下降，活性降低。因此，以伊利石为主要矿物成分的煤矸石，煅烧温度为750℃时的火山灰活性最好、水化活性最高。

2. 热活化方法

（1）热活化温度

煤矸石的热活化温度范围在500～900℃之间。煅烧温度不同的煤矸石，其活性也不一样。其中，以750～800℃煅烧温度的煤矸石火山灰活性最好。低于600℃，煅烧煤矸石的活性不尽理想，这可能是由于脱水程度不同而引起的热稳定性、结构、溶解度、比表面积差异造成的。

（2）保温时间

保温时间太短，会使煤矸石中的碳未燃尽，同时煤矸石中的黏土类矿物不完全分解，减少了活性组分的产生。保温时间太长，煤矸石被烧死，本来疏松多孔的结构会变得致密，同时会使已产生的活性SiO_2、Al_2O_3生成新物质而失去活性。众多研究表明，煤矸石煅烧的保温时间以1～2h为宜。

（3）冷却方法

煤矸石煅烧后的冷却方法对煤矸石的活性有较大影响，高温下的煤矸石遇到急冷时，煤矸石中的晶格扭曲变形，来不及形成规则的晶体，而呈现出大量玻璃体，使煅烧煤矸石具有较高的活性。特别是高温煅烧，冷却速度越快，活性提高越高。水淬急冷是最好的冷却方法。如果采用自然冷却，其活性会明显下降。

（4）煅烧设备

煅烧煤矸石有多种专门的成套设备可供选择，其形式有立式与卧式两种。产量为每班 100～500t。目前，卧式煅烧窑居多，而立式煅烧炉相对少一些。卧式煅烧窑大多为大型回转窑，式样与水泥窑大致相同。它从一端进料，而从另一端出成品。立式煅烧炉的优点是占地面积较小。它采用从炉的上部加料，然后从下部出料。立式煅烧炉的缺陷是煅烧质量不如卧式回转窑，故建议选用卧式回转窑。

图 8-1 是煤矸石卧式回转窑煅烧机，图 8-2 是煤矸石立式煅烧炉。

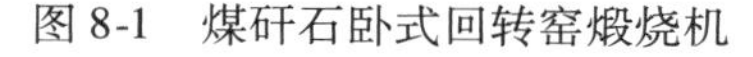

图 8-1　煤矸石卧式回转窑煅烧机　　图 8-2　煤矸石立式煅烧炉

8.2.2　煤矸石的机械力活化

煤矸石的机械力活化就是将自燃或煅烧的活性煤矸石放进球磨机高细或超细粉磨。随着粉磨时间的延长，煤矸石的活性不断升高，也可以说是煤矸石中的可溶性 SiO_2 和 Al_2O_3 不断增加。机械力的增加有利于煤矸石活性的激发。

物质在粉碎过程中，固体受机械力作用而发生颗粒和晶粒细化、材料内部产生裂纹、表观密度变化、比表面积变化，产生晶格缺陷、晶格发生畸形、结晶状态变化、结晶程度降低。甚至出现无定形化、结晶水或羧基的脱水、降低体积反应活化能，其变化的过程往往是多种现象的综合。

煤矸石经过机械研磨，颗粒表面自由能增加，其中的 SiO_2 和 Al_2O_3 活性提高，使内部可溶性 SiO_2 和 Al_2O_3 断键增多，比表面积增大，反应接触面增加，活化分子增加，煤矸石早期的化学活性提高。

煤矸石的机械力活化（超细或高细粉磨），可以使煅烧后的煤矸石活性更高。粉磨时间越长，粉磨的比表面积越大，产品的强度就越高。

但是，粉磨的能耗也很高。若粉磨时间过长，虽然煤矸石比表面积增加，但粉磨成本较大。综合考虑煤矸石的活性与成本因素，不宜过度粉磨，粉磨以煤矸石比表面积达到450m^2/kg为佳。

8.2.3 煤矸石的化学活化

煅烧或自燃煤矸石经过热活化和机械力活化，活性有了较大的提高。但以它为原料生产建材产品时，其性能仍然不能满足要求。如其水化凝结量、28d产品抗压强度仍低于水泥等。所以，还需要配套使用化学活化的方法，加入外加剂来激发其活性。

活性煤矸石和粉煤灰一样，都属于人造火山灰材料。其典型的技术特征是其中含有的活性SiO_2和Al_2O_3可以溶出，与$Ca(OH)_2$发生硅钙、铝钙二次反应，生成C-S-H和C-Al-H以及其他胶凝物质。活性煤矸石活性的高低，与其中所含的活性物（如SiO_2和Al_2O_3）的溶出速度与溶出量直接相关。研究发现，强碱类物质与部分盐类物质，可以加大活性SiO_2和活性Al_2O_3的溶出速度和溶出量，促进其与$Ca(OH)_2$的反应，这类可以促进火山灰水化反应的物质，平常就称为活化剂。将活化剂加入配合料中，它会极大地提高火山灰物质的水化产物生成量，从而提高产品的性能。

无论何种碱或盐，单独使用时其激发效果都不理想。试验证实，采用合理搭配使用的复合活化剂，其各成分之间可以优势互补和叠加，产生了“1+1+1>3”的效应，效果有了较大的提高，对活性煤矸石的活化效果更好。利用这一原理，华泰公司研发了一款NY系列高效火山灰活化剂，经几年来在生产中试用，效果显著，添加量少，使用成本低，建议选用。

8.3 墙板设计

8.3.1 墙板概念及设计原理

煤矸石泡沫混凝土空心轻质隔墙板，是根据建材行业标准《硅镁加气混凝土空心轻质隔墙板》（JC 680—1997）（现转为JC/T 680—1997），并结合煤矸石综合利用及泡沫混凝土生产工艺而设计的一种新型轻质隔墙板。

本墙板是以镁质水泥为主要胶凝材料，以$MgCl_2$或$MgSO_4$为调和剂，以煤矸石为改性辅助胶凝材料，配合菱镁改性剂，经添加物理发泡制备的泡沫及其稳泡剂，搅拌制浆，浇筑成型，自然硬化而制成的集轻质、防火、保温等优异性能于一体的绿色轻质隔墙板材料。

本墙板之所以采用镁质水泥做主要胶凝材料，主要是为了提高煤矸石的掺量。由于镁质水泥在各种已经规模化应用的胶凝材料中强度最高，所以采用镁质水泥做胶凝材料，使煤矸石粉的掺量可高达60%，墙板符合技术要求指标。同时，镁质水泥凝结硬化快，8～12h 即可达到脱模强度，加快了模具周转，降低了投资。本工艺采用立模成型工艺，产量高但模具投资大，一台立模就要十多万元。镁质水泥硬化快就可以解决模具问题，以较小的模具保证较高的质量和产量。

选用煤矸石作为与镁质水泥配套的改性辅助胶凝材料，是因为煤矸石粉属于硅铝质活性掺和料，具有硬化后高耐水的优点。而镁质水泥是气硬性材料，墙板不耐水。将煤矸石与镁质水泥复合使用，煤矸石可以改善镁质水泥耐水性差的缺陷，并避免其出现返卤、泛霜、变形等其他情况，改性效果明显。同时，煤矸石粉生产成本低，价格低，是性价比较高的活性掺和料，有利于降低墙板的生产成本。

8.3.2 产品规格及尺寸设计

轻质隔墙板外形见图 8-3。

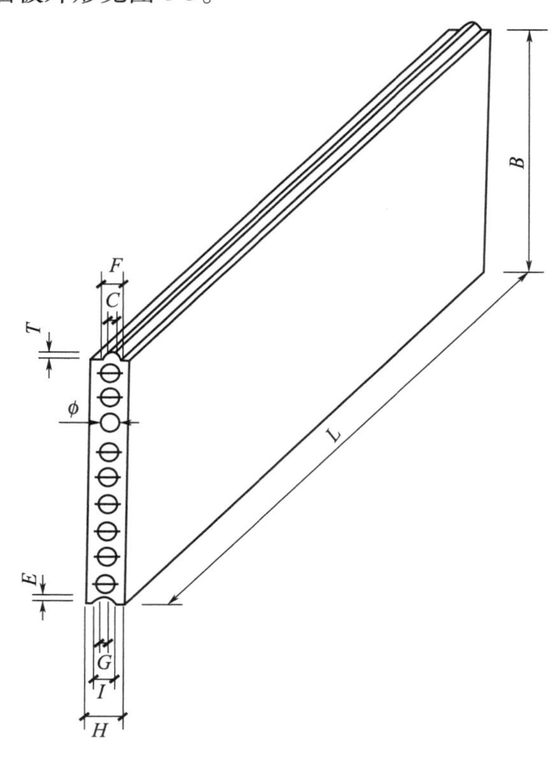

图 8-3 轻质隔墙板外形

轻质隔墙板的厚度设计分别为60mm和90mm两种，其规格尺寸见表8-3。

表8-3　轻质隔墙板的规格尺寸　　mm

类别	规格尺寸									
	L	B	H	ϕ	T	E	C	F	G	I
60mm板	≤3000	600	60	38	10	12	18	28	20	30
90mm板	≤3500	600	90	60	12	14	28	38	30	40

注：其他规格尺寸的轻质隔墙板，由供需双方协商组织生产。

8.3.3　产品外观质量设计

（1）轻质隔墙板的外观质量应符合表8-4的规定。

表8-4　轻质隔墙板的外观质量

项目	指标
外露纤维，飞边毛刺，贯通裂纹	无
板面裂纹（mm）：长度10~30，宽度0~1	4处
蜂窝气孔（mm）：长度5~30，深度2~5	3处
缺棱掉角（mm）：深度×宽度×长度为5×10×25~10×20×30	2处

（2）轻质隔墙板尺寸允许偏差应符合表8-5的规定。

表8-5　轻质隔墙板尺寸允许偏差　　mm

项目	允许偏差
长度	±5
宽度	±2
厚度	±1
板面平整度	2
对角线差	10
侧向弯曲	L/1000

8.3.4　产品物理力学性能设计

轻质隔墙板的物理力学性能设计应符合表8-6的要求。

表8-6　轻质隔墙板的物理力学性能

序号	项目	规格	指标
1	面密度/(kg/m^2)	60mm板	≤35
		90mm板	≤50
2	干缩值/(mm/m)	60mm板	≤0.8
		90mm板	

续表

序号	项目	规格	指标
3	隔声量/dB	60mm 板	≥30
		90mm 板	≥35
4	耐火极限/h	60mm 板	≥1
		90mm 板	
5	燃烧性能	60mm 板	不燃
		90mm 板	
6	抗折力/N	60mm 板	≥1000
		90mm 板	≥2000
7	抗冲击性/3 次	60mm 板	无贯穿裂缝
		90mm 板	
8	单点吊挂力/N	60mm 板	≥800
		90mm 板	

8.4 胶凝材料镁质水泥及其技术要求

选用镁质水泥作为其胶凝材料。镁质水泥平时简称镁水泥。由于其调和剂有氧化镁及硫酸镁两种，所以镁质水泥也分为两种。以氯化镁为调和剂、轻烧镁粉为主要胶凝成分的称为氯氧镁水泥；以硫酸镁为调和剂、轻烧镁粉为主要胶凝成分的称为硫氧镁水泥。

8.4.1 氯氧镁水泥的技术特点

1. 氯氧镁水泥简介

氯氧镁水泥是由法国人索瑞尔（Sorel）于 1867 年发明的一种双组分气硬性胶凝材料，所以又称索瑞尔水泥，俗称氯氧镁水泥。它是以煅烧菱镁矿石或白云石矿，分解成 $MgCO_3$ 进而得到的 MgO 为胶结剂，以六水氯化镁为调和剂（也称硬化剂），双组分反应生产 5·1·8 及 3·1·8 结晶相所形成的结晶复盐，所形成强大的胶凝材料 5·1·8 及 3·1·8 相 [$5Mg(OH)_2 \cdot MgCl_2 \cdot 8H_2O$ 及 $3Mg(OH)_2 \cdot MgCl_2 \cdot 8H_2O$]，只能在空气中稳定存在，遇水则不能稳定存在。所以它是典型的气硬性材料，与通用水泥在空气及水中均可以稳定存在有着根本的不同。

氯氧镁水泥既有突出优点，又有明显的缺陷。所以，如何利用它的优点，同时克服它的缺陷，是其能否应用成功的关键。克服其缺陷的方法，俗称“改性”。用于改性的外加剂，称为改性剂。100 多年来，人们为了对其改性，进行了不懈的努力和研究，但效果始终不尽如人意。21 世纪初，本书主编在总结前人经验基础上，结合自己的试验与实践，成功推出了一套完整的“综合改性”技术方案。方案提出以改性剂结合粉煤灰和矿渣微粉对氯氧镁水泥改性，并研发出特效 GH 型改性剂。为了推广这套改性方案，本书主编于 2006 年出版了《镁水泥改性及制品生产实用技术》一书，成为氯氧镁行业第一部改性技术专著。该书多次再版，GH 型改性剂也在全国至今畅销不衰。

2. 氯氧镁水泥的优点

（1）高强。高强是氯氧镁水泥最为突出的优点。在一般情况下，它的抗压强度可达到 60～100MPa，是通用水泥的 1～2 倍。

（2）快凝快硬。快凝快硬是氯氧镁水泥的典型特征。常温下，它在 35～45min 可以完成初凝，50～60min 就可以终凝，4～8h 可以硬化脱模。

（3）低碱弱腐蚀性。其浆体滤液 pH 值为 8～9.5，接近中性。所以，它对玻璃纤维和植物纤维的碱腐蚀性很小，这种特点使得我们可以使用这些纤维进行增强，并为大量掺用农作物废秸秆、籽壳打下了基础。

（4）轻质低密度。氯氧镁水泥硬化体的密度一般只有通用水泥硬化体的 70%，为 1600～1800kg/m³。故适合用于泡沫混凝土等轻质材料的生产。

（5）高耐磨。氯氧镁水泥硬化体的耐磨性是通用水泥硬化体的 3 倍，特别适宜生产需要耐磨性突出的产品。

（6）耐高温和低温。氯氧镁水泥硬化体可耐高温 300℃以上，不粉不裂。所以它大量用于生产防火板制品。同时，它又耐低温，－30℃不会损坏。在负温条件下生产也不结冰。

（7）高抗渗性。它的硬化体密实度高，具有优异的抗渗性。

（8）高光泽。由于它的硬化体密实度高，如果采用模具注浆成型，它的制品表面比水泥制品更有光泽。

（9）抗盐卤。由于它本身以氯盐作为调和剂，含有盐卤，因此，它不怕盐卤，用到海水中也不会被腐蚀，反而会增加强度。所以，它特别适合用于生产高盐卤环境的产品。

（10）空气中高稳定性。由于它是气硬性材料，所以，在空气中它的寿命比通用水泥长得多。空气越干燥，它越稳定，越耐用，尤其适用于干旱少雨地区。

3. 氯氧镁水泥的缺陷

氯氧镁水泥具有五大缺陷，且非常突出，影响其使用。

（1）返卤。氯氧镁水泥制品受潮或环境湿度较大时，会大量吸收水分，当毛细孔被水分充满时，水就会从毛细孔内泛出，形成一个个水珠，并下淌。这种现象俗称返卤。返卤严重时，会使产品无法使用。

（2）泛霜起白。氯氧镁水泥硬化体内有反应生成物 $Mg(OH)_2$ 存在。当其硬化体吸潮后，毛细孔内的水分会溶解 $Mg(OH)_2$。当外界温度降低时，水分蒸发到制品表面，也带出大量的 $Mg(OH)_2$。这些 $Mg(OH)_2$ 干燥后在产品表面形成一层白色粉状物，俗称泛霜。这层白霜擦掉后还会出，层出不穷，且会遮盖涂装层或将粉刷层腐蚀掉。

（3）耐水性差。其硬化体不耐水，与水长时间接触，就会逐渐失去强度，最终完全粉化。在水中，它的强度损失率可达60%～80%。

（4）翘曲变形。氯氧镁水泥的板状产品成型后会逐渐翘曲，中心部位拱起，四角上翘，大幅变形。

（5）胀裂。氯氧镁水泥的制成品会逐渐发生微裂纹，并慢慢扩大加深，最终使产品碎裂成为碎块而报废。其原因主要是它水化热量较大（是普通硅酸盐水泥的数倍），水化热量在成型体内集中，形成热胀微裂纹并扩大。

氯氧镁水泥虽然缺陷很多且突出，但使用我们的成套改性技术，并加入一定比例的固废与改性剂，则可以较好地克服。氯氧镁水泥由于可以大量使用固废，使用前景还是很好的。特别是将它用于固废泡沫混凝土中，利多弊少。

8.4.2 硫氧镁水泥的技术特点

1. 硫氧镁水泥简介

硫氧镁水泥是为了避免出现氯氧镁水泥因含有氯离子而引起的返卤、不耐水、开裂、腐蚀钢材等一系列问题而研发出来的新型镁水泥。这一水泥是以硫氧镁代替氯氧镁作为镁水泥调和剂。由于不使用氯氧镁，就避免了氯氧镁水泥的缺陷。1957 年，硫氧镁水泥的概念由比利时学者提出，但一直没有得到实际的应用。2013 年，中国科学院青海盐湖研究所与德国马普固体物理实验室合作，成功地解析了课题组合成的硫氧镁水泥新型水化产物物相的晶体结构，促进了硫氧镁水泥的实际产业化应用，使之成为镁水泥新品种。

2. 硫氧镁水泥的优点

硫氧镁水泥的优点在于它既有氯氧镁水泥高强、快凝、低碱、轻质、高耐磨性、耐高温低温、高抗渗性、高光泽、空气中高稳定性等优点，又克服了氯氧镁水泥返卤、泛霜、变形、开裂等缺点，使其性能更加优异。况且硫酸镁更方便易得，使用成本也更低。

3. 硫氧镁水泥的缺点

氯化镁改为硫酸镁以后，由于水化生成物的改变，总体来看，硫氧镁的强度比氯氧镁的强度差一些，另外，其仍然具有不耐水的缺点，水化结晶相易被水溶解而解体。其泛霜程度虽比氯氧镁轻一些，但仍会发生。总之，它还没有完全改变镁水泥的一些缺点。

为了克服硫氧镁水泥仍然存在的一些不足，进一步提高它的强度和耐水性，也要对它进行改性处理。我们采用的是加入固废（如粉煤灰、矿渣等）以及改性剂，进行综合改性。只是它使用的改性剂是 GH-2 硫氧镁专用型。

8.4.3 氯氧镁水泥主要原材料的技术要求

氯氧镁水泥主要原材料是轻烧镁粉和氯化镁，其技术要求分述如下。

1. 轻烧镁粉技术要求

轻烧镁粉全称为轻烧氧化镁粉。所谓轻烧，即其煅烧温度较低（一般为 750～900℃）。其主要是由菱镁矿石或白云石中的碳酸镁热解而得。

轻烧镁粉的主要技术要求如下：

（1）活性氧化镁含量应为 75%～85%，即俗称的 75 粉或 85 粉，不可低于 65%。活性含量越低，制品强度越低。

（2）细度应为 170～200 目。过细则水化太快，水化热易集中产生热裂；过粗则水化过慢，影响脱模，且水化不充分，影响强度。

（3）出厂日期不宜超过 3 个月。因为存放时间越长，其吸潮失效越严重，其活性也会随存放期的延长而下降。

（4）轻质氧化镁、重烧氧化镁、苦土粉（低活性品）三种氧化镁不可选用，它们均不属于轻烧镁粉。

（5）应选用菱镁矿石煅烧的产品，不可选用活性氧化镁含量较低的白云石矿煅烧的产品。

我国对轻烧镁粉制定了多个行业标准，如建材行业标准、化工行业标准、冶金行业标准等。其中，建材行业标准更适用于建材产品的生产。《镁质胶凝材料用原料》（JC/T 449—2021）规定了轻烧氧化镁的技术要求，见表 8-7。

表 8-7 轻烧氧化镁的技术要求

指标		级别		
		Ⅰ级	Ⅱ级	Ⅲ级
氧化镁/活性氧化镁（MgO）/%		≥90/70	≥80/55	≥70/40
游离氧化钙（f-CaO）/%		≤1.5	≤2.0	≤2.0
烧失量/%		≥6	≥8	≥12
细度（80μm 筛析法）筛余/%		≤10		
抗折强度/MPa	1d	≥5.0	≥4.0	≥3.0
	3d	≥7.0	≥6.0	≥5.0
抗压强度/MPa	1d	≤25.0	≤20.0	≤15.0
	3d	≤30.0	≤25.0	≤20.0
凝结时间	初凝/min	≥40		
	终凝/h	≤7		
安定性		合格		

2. 氯化镁技术要求

氯化镁是氯盐工业的副产品，多产于青海盐湖区及沿海地区。对其大概的选用方法如下：

（1）对海盐副产品氯化镁（俗称卤片），其 $MgCl_2$ 含量应不低于45%；对湖盐及化工副产品卤粉，其 $MgCl_2$ 含量应不低于44%。

（2）从严控制碱金属氧化物的含量，其总含量应不大于2%，最好低于0.5%。碱金属氧化物主要指氧化钠、氧化钾等。其含量越高，返卤越严重。

（3）产品包装应完整，不可有包装破损。包装破损者氯化镁易潮解，使有效成分流失，并造成潮解卤水外流。

具体的技术要求应参照行业标准执行。建议采用物资行业标准《菱镁制品用工业氯化镁》（WB/T1018—2002）。表8-8是这一标准提出的氯化镁技术要求，可供参考。

表 8-8 菱镁制品用工业氯化镁化学成分

项目		指标/%
氯化镁（$MgCl_2$）	≥	45.00
氯化钠（NaCl）	≤	1.50
氯化钾（KCl）	≤	0.70
氯化钙（$CaCl_2$）	≤	1.00
硫酸根离子（SO_4^{2-}）	≤	3.00

8.4.4 硫氧镁水泥主要原材料的技术要求

硫氧镁水泥的主要原材料为轻烧镁粉和七水硫酸镁。轻烧镁粉的技术要求与氯氧镁水泥相同，前面已有介绍，此处不再赘述。此处仅就七水硫酸镁的技术要求做简单介绍。

七水硫酸镁外观为白色晶体，针状、颗粒或粉末，易溶于水，pH 值为7，中性。多为制盐工业副产品，也可由碳酸镁加硫酸制取。

硫酸镁水泥所用硫酸镁为工业级七水品，其主要选用方法如下：

（1）七水硫酸镁的含量不低于99%。应选用一等品或优等品。

（2）以 Cl 计，氯化物的含量不大于 0.2%。超过限值易使制品返卤。

（3）水不溶物的含量应小于0.05%。

（4）应选用七水物，注意一水物和无水物不可选用。

（5）硫氧镁水泥一般用于工业品，医药品和食用品不宜选用。

对工业七水硫酸镁的具体技术要求，应参考化工行业标准《工业硫酸镁》（HG/T 2680—2017）的各项规定。表 8-9 为这一标准对七水硫酸镁技术要求的具体规定。

表 8-9 工业硫酸镁技术要求

项目		Ⅰ类		Ⅱ类		Ⅲ类		Ⅳ类
		优等品	一等品	优等品	一等品	优等品	一等品	
硫酸镁	（以 $MgSO_4 \cdot 7H_2O$ 计）w/% ≥	99.5	99.0	—	—	—	—	—
	（以 Mg 计）w/% ≥	—	—	17.3	15.9（苦卤法 15.7）	19.8	19.2	—
	（$MgSO_4$）（灼烧后）w/% ≥	—	—	—	—	—	—	99.0
氯化物（以 Cl 计）w/% ≤		0.05	0.20	0.10	1.50	0.03	0.20	0.10
铁（Fe）w/% ≤		0.0015	0.0030	0.0030	0.020	0.0030	0.020	0.0030
水不溶物 w/% ≤		0.01	0.05	0.10	—	0.10	—	0.10
重金属（以 Pb 计）w/% ≤		0.001	—	0.002	0.002	0.002	0.004	0.002
pH 值（50g/L 溶液）		5.0~9.5						
灼烧失量 w/% ≤		48.0~52.0		13.0~16.0		1.8	4.8	22.0~48.0

8.5　其他原材料的技术要求

8.5.1　煤矸石的技术要求

1. 煤矸石微粉

比表面积：≥400m^2/kg。
活性指数（28d）：不小于75%。
烧失量：≤5%。

2. 自燃煤矸石粗集料

自燃煤矸石粗集料应符合《轻集料及其实验方法 第1部分：轻集料》（GB/T 17431.1—2010）的相关要求，具体要求如下：
粒径：5～10mm。
堆积密度：800～1000kg/m^3。
吸水率：≤10%。
抗压强度：≥3.5MPa。

8.5.2　辅料

1. 生石灰

生石灰可以与煤矸石中的活性成分合成水化硅酸钙和水化铝酸钙，从而产生一定的胶结强度。生石灰应符合《硅酸盐建筑制品用生石灰》（JC/T 621—2021）的要求。生石灰中CaO含量不小于60%，MgO含量不大于5%。既可用电石灰取代，又可选用熟石灰代替。

2. 生石膏

生石膏可以加快生石灰的溶解，促进生石灰与煤矸石的反应，增加煤矸石的水化产物，提高墙板强度。

生石膏即二水石膏，含有两个结晶水。二水石膏有天然品、化工副产品两类。化工副产品价格低廉，有些地方免费供应，所以建议选用化工副产品石膏，如脱硫石膏、钛石膏、柠檬酸石膏等。其中，脱硫石膏最为广泛，且品质最好，可以优选。

如果选用脱硫二水石膏（也可选用半水脱硫石膏），其技术要求如下：

品位：>85%。

SO_2：<0.1%。

游离水：<8%。

8.5.3 外加剂

1. 泡沫剂

泡沫剂的技术要求应符合《泡沫混凝土用泡沫剂》（JC/T 2199—2013）的各项指标要求。具体为：

1h泡沫沉降距：≤50mm。

1h泌水率：≤70%。

发泡倍数：<30倍。

泡沫混凝土料浆沉降率（固化）：≤5%。

2. 稳泡剂

稳泡剂目前尚无相关标准。根据笔者经验，提出如下要求：

泡沫混凝土消泡率：≤2%。

泡沫混凝土通孔率：≤10%。

使用后料浆沉降距（固化）：≤3mm。

有效稳泡成分含量：≥70%。

3. 煤矸石活化剂（粉剂）

煤矸石活化剂目前尚无相关标准。参考要求如下：

加入后抗压强度提高率：>10%。

细度：≥150目。

含水量：<3%。

匀质性：符合要求。

4. 镁水泥改性剂

镁水泥改性剂分为氯氧镁和硫氧镁两种。目前，镁水泥改性剂尚无国家或行业标准。参考要求如下：

镁质硬化体返卤性：加入0.5%以上基本消除。

镁质硬化体泛霜性：加入0.5%以上时泛霜量为零。

镁质硬化体耐水性：泡水24h强度降低率不大于5%。

我们研发有国内应用最早的镁水泥改性剂，至今已推广应用30多年。经生产验证，效果较好，可有效消除镁水泥的弊端，且加量少（一般只加入0.5%～1.0%）。建议选用。

5. 抗缩剂

抗缩剂用于降低制品的收缩，目前尚无相关标准。一般抗缩剂价格较高。华泰公司研发了一种复合型高效抗缩剂，抗缩良好，尤其是抗干缩最为有效，建议选用。参考要求如下：

收缩率减少值：>28%。

抗缩有效成分含量：>70%。

密度：1.25g/cm^3。

pH值：10～11。

8.6 配合比设计

8.6.1 各成分的配比量

1. 轻烧镁粉

一般占固体干粉料的40%～50%，对制品强度要求较高时，配比量可为55%～65%。轻烧镁粉是产品的主要强度来源，其配比量对产品强度影响最大。可根据产品的强度要求设计其配比量。

2. 煤矸石粉

这里是指煅烧或自燃煤矸石粉。它是本产品的辅助胶凝材料和改性材料。它的加入可协同轻烧镁粉共同形成强度，并提高镁水泥的耐水性，降低其返卤和泛霜。其加量越大，改性效果越好，但超过30%会降低一定的强度。

煤矸石粉的配比量一般占固体料总量的30%～50%，与轻烧镁粉的配和比例为（0.5～1）：1。

3. 自燃煤矸石粗集料

自燃煤矸石粗集料的主要作用是防止制品的收缩。其加入量越大，墙板的收缩值越小。但它的加入量应适应，不可过大，一般应控制在固体料总量的10%～15%。

4. 调和剂溶液配比量

氯化镁或硫酸镁溶液称为镁水泥的调和剂，其作用是与轻烧镁发生化学反应，生成结晶相复盐胶凝物质，没有它的参与，镁水泥就不能形成强度。常用的调和剂溶液的浓度在22～30波美度之间。为减少出现返卤、泛霜，较理想的浓度应控制为25波美度。按这一浓度，其溶液配比量为固体干粉料的40%～50%。

5. 生石灰的配比量

生石灰在本配比中，主要作用是配合石膏共同激发煅烧或自燃煤矸石的活性，其配比量为煤矸石粉的7%～10%。

6. 生石膏的配比量

生石膏的配比量一般为煤矸石粉的2%～3%，或固体干粉料的1%～1.5%。它只有在加入生石灰的情况下才可以加入，不加生石灰时也可不必加生石膏。

7. 煤矸石活化剂的配比量

煤矸石活化剂为活性煤矸石的1%～2%。粗集料煤矸石一般不配比。生石灰、生石膏、活化剂，三者配合，协同活化效果更好。

8. 镁水泥改性剂的配比量

镁水泥改性剂的配比量为轻烧镁粉的0.5～1.0%。使用改性剂应配合其他改性措施，如添加煤矸石粉、石英粉、硅灰等，效果更佳。

9. 抗缩剂

抗缩剂不属于必不可少的配比组分，只有在产品要求收缩率较小的情况下才会配比。其配比量为轻烧镁粉的1%～2%。

10. 稳泡剂

稳泡剂的加量与制品的密度有关。制品的密度越低，加泡量就越大，就需要加入更多的稳泡剂。墙板泡沫混凝土的密度在600～900kg/m^{3}之间，在这一密度区间，稳泡剂的加量为所有固体干粉物料的0.2%～0.3%。

11. 泡沫

泡沫的加量决定着产品的密度，加泡量越大，产品密度越小。泡沫加量以体积计。在600～900kg/m^{3}的密度间，泡沫的配比量为浆体的40%～50%（体积比），即1m^{3}泡沫浆体中加入0.4～0.5m^{3}泡沫。

8.6.2 配合比设计实例

1. 干密度900kg/m^{3}制品的配合比设计

干密度为900kg/m^3，按墙板的空心率40%计，本产品的面密度（10cm厚）约为54kg/m^2，属于超轻墙板，其配合比如下（1m^{3}浆体）：

轻烧镁粉530kg；

煤矸石粉（比表面积450m^2/kg）250kg；

氯化镁溶液（25波美度）450kg；

生石灰（煤矸石粉的3%）7.5kg；

生石膏粉（煤矸石粉的1%）2.5kg；

氯氧镁型改性剂（轻烧镁粉的1%）5kg；

活化剂（煤矸石粉的2%）10kg；

抗缩剂（轻烧镁粉的2%）10.6kg；

稳泡剂（所有固体粉体物料的0.2%）1.8kg；

泡沫加至浆体密度1000kg/m^3。

2. 干密度1200kg/m^{3}制品的配合比设计

干密度按墙板的空心率40%计，本产品的面密度（10cm厚）约为75kg/m^2，仍属于轻质墙板，其配合比如下（1m^{3}浆体）：

轻烧镁粉750kg；

煤矸石粉（比表面积450m^2/kg）350kg；

硫酸镁溶液（25波美度）650kg；

熟石灰（煤矸石粉的5%）17.5kg；

生石膏粉（煤矸石粉的2%）7kg；

硫氧镁型改性剂（轻烧镁粉的0.5%）3.75kg；

活化剂（煤矸石粉的1%）3.5kg；

抗缩剂（轻烧镁粉的1%）7.5kg；

稳泡剂（所有固体粉体物料的0.3%）2.3kg；

泡沫加至浆体密度1300kg/m^3。

3. 加煤矸石粗集料的抗缩型墙板配合比设计

煤矸石粗集料具有明显的抗缩性能。墙板的收缩值偏大。为了加强其抗缩性，本配合比加入了固体物料总量10%的自燃煤矸石粗集料，并加大抗缩剂用量至2%，同时配比0.3%的聚丙烯纤维。设计干密度为1000kg/m^3，煤矸石粗集料的干密度为900kg/m^3，采用氯氧镁水泥为胶凝材料，按 $1m^3$ 浆体设计，其配合比如下（$1m^3$ 浆体）：

轻烧镁粉 350kg；

煤矸石粉（比表面积 $450m^2/kg$）350kg；

煤矸石粗集料（粒径 5～10mm）80kg；

氯化镁溶液（25 波美度）300kg；

氯氧镁型改性剂（轻烧镁粉的 0.5%）1.75kg；

煤矸石活化剂（煤矸石粉的 2%）3kg；

抗缩剂（轻烧镁粉的 2%）7kg；

聚丙烯纤维（长度 10mm，加量为轻烧镁粉的 0.3%）1.05kg；

稳泡剂（所有固体粉体物料的 0.2%）1kg；

泡沫加至浆体密度 $1100kg/m^3$。

8.7 生产设备与工艺

8.7.1 工艺类型与选择

1. 工艺类型及特点

隔墙板的成型工艺有平模工艺和立模工艺两类。采用平模浇筑成型的工艺即称为平模工艺；采用立模浇筑成型的工艺即称为立模工艺。

（1）平模工艺的特点

平模是我国早期使用较多的隔墙板成型工艺。它是一种平放在台座或传送带上，成型时一个板面向上的模具。

平模的主要优点：成型工艺简单，模具制作方便，模具价格较低，所以早期比较流行。

平模的主要缺点：成型时一个板面向上，铺浆后需要抹平，板面光洁度低，自动化程度不高，不能完全实现自动化，开模、合模、涂刷脱模剂、清理模具等均需人工操作，无法满足现代化的数控生产线需求，所以近年来应用越来越少。

（2）立模工艺的特点

立模是 20 世纪 90 年代由河南玛纳公司研发的隔墙板成型模具，后来国内许多公司均投入研发，现已普及。这是一种较为先进的墙板成型模具。立模现在又发展为卧式立模及竖式立模两种。

立模的模具侧立或竖立，从端头开口注浆成型。卧式立模多为自动开合模操作，自动化程度高。竖式立模也有自动化开合模的，但多为人工合模、开模，还不能完全实现自动化操作。

立模的优点：墙板成型后尺寸较准，误差小，板面平整光洁，精度高。其成型时的自动化程度高，适合于大型数控生产线。节省人工成本，且效率高。同时，它占用场地面积也较小。

立模的缺点：一次性投资较大，工艺较复杂，不如平模方便，不适合小企业投资。

2. 工艺选择

立模工艺优点更多，产品质量及生产线的自动化程度均优于平模。未来，完全自动化是发展方向。所以，笔者建议采用自动化立模工艺。

8.7.2 KD-40型自动化竖式立模生产线

KD-40型自动化竖式立模生产线，是本书主编于2013—2015年设计生产的一款大型隔墙板生产线，曾先后在黑龙江佳木斯、北京顺义、山西阳泉、新疆乌鲁木齐等地实际安装使用，取得了良好的效果。

1. 生产线的技术特点

（1）微机全自动控制

本生产线各部分均采用微机总控，从配料计量、配合料输送、搅拌制浆、浇筑成型、进出窑养护、脱模、整修、喷涂脱模剂到模具清洗等各个工序全部采用自动化控制，是目前自动化程度较高的大型墙板生产线之一。总控室可以自动控制各个工序的操作。

（2）产品成型效果好

本生产线成型的产品尺寸精确，误差小，板面平整度高，光洁度高，各部位密度均匀一致，废品率低于0.3%。

（3）产量高，人均效率高

本生产线虽工艺复杂，设备组成庞大，用人工却很少。整条生产线长度超过150m，操作工仅需5人，且产量很高，每班8h产墙板达2000m^2（年产60万m^2），人均年产12万m^2，具有理想的生产效率。

（4）清洁生产无污染

本生产线配备有除尘系统、冲洗设备及污水净化处理回收利用系统。全部粉体、液体配料采用全密闭操作，无粉尘、气味、污水污染，实现了绿色清洁化生产。

（5）生产线技术参数

年产量：60万m^2。

装机容量：284kW。

操作工：5人。

生产线规格：长154m、宽6m、高4m（局部高7m）。

脱模周期：12h。

单模一次成型数量：40块墙板。

2. 生产线的设备组成

本生产线由以下几个系统单元组成：

（1）配料罐及自动配料系统；

（2）配合料输送提升系统；

（3）三级搅拌制浆及浇筑系统；

（4）养护窑系统；

（5）模车系统；

（6）模车自动循环系统；

（7）自动开合模及模具翻转抽芯系统；

（8）模具自动清扫机及脱模剂喷涂系统；

（9）除尘及清洗水净化系统；

（10）中控台及微机系统；

（11）氯化镁（或硫酸）溶液配制及储存系统；

（12）成品转运系统。

8.7.3 生产工艺流程

1. 原材料预处理

（1）煤矸石热活化

将原状煤矸石粉碎、粉磨，制成比表面积400m^2/kg的粉体，然后送入煅烧炉进行煅烧。煅烧温度控制为750～800℃，保温2h。煅烧以后送入储料罐，自然降温至常温，备用。

（2）自燃煤矸石轻集料的制备

将自燃煤矸石送进破碎机，破碎至粒度为5～10mm，制备成粗集料，备用。

（3）氯氧镁（或硫酸镁）溶液的制备

将氯化镁（或硫酸镁）按比例加入配料罐，然后加入水配制成规定浓度溶液，控制为25波美度。配好后，加入溶液质量比0.5%的改性剂。把改性剂加入氯化镁或硫酸镁溶液，可减少一套改性剂微计量系统，简化工序。

（4）泡沫液配制

将泡沫剂按1：40的比例加水配制成泡沫剂水溶液，加入发泡机的储料罐，备用。

2. 计量配料与输送

（1）计量配料

各固体物料按配合比设定，由计算机指令配料系统计量配料，计量后的各物料由计算器送入传送皮带秤。同时，氯化镁溶液（含液体改性剂）、液体稳泡剂等液体物料由计量泵自动计量。

（2）物料输送

计量泵先将水及液体外加剂直接泵入一级搅拌机，启动搅拌，在搅拌状态下，固体物料提升机将配合料送入一级搅拌机，边搅拌边加料。

3. 制浆与发泡

（1）一级搅拌

固体物料加完后，在一级搅拌机内继续搅拌1min，总搅拌时间（含上料时间）不超过3min。搅拌机转速控制为30r/min。

（2）二级搅拌

一级搅拌结束后，浆料自动卸入二级搅拌机，继续搅拌3min。搅拌机转速为120r/min。二级搅拌的任务是使浆料达到均匀度要求。

（3）三级搅拌

二级搅拌结束后，浆料自动卸入三级搅拌机。浆料全部进入三级搅拌机后，立即启动发泡机，制备泡沫。泡沫自动通过输送管，喷入搅拌机内，并在搅拌作用下与料浆混合成均匀的泡沫混凝土浆料。总搅拌时间3min，搅拌机转速为30r/min。

4. 卸料浇筑成型

搅拌结束后，打开三级搅拌机的放料阀，向立模的上口浇筑浆体。第三级搅拌机放料口的高度必须高于立模上口的高度40cm，立模上设计有振动装置，边浇筑边振动，以使浆体浇筑到位。

5. 立模运行入窑

浇筑结束后，立模沿模车轨道自动向养护窑运行。运行到位后会自动停止运行。

6. 早期养护

模车入窑后，恒温循环热风系统开启，维持窑内温度28℃，养护24h，结束养护。

7. 脱模

养护完成后，立模车沿运行轨道自动出模，运行到脱模机下，芯管抽取装置自动抽出芯管使墙板形成空心。然后立模自动开模，由取板机从模内夹起墙板，吊移到转运车上，完成脱模。

8. 后期养护

脱模后的墙板被送入后期养护室，保温、保湿养护10d，温度不能低于20℃，相对湿度不低于70%。

9. 自燃干燥

后期养护结束后，墙板可以自然干燥，至28d后检验出厂。

9 金尾矿仿洞石

9.1 洞石及仿洞石简介

9.1.1 洞石的概念

洞石，学名叫石灰华，是一种多孔的岩石。商业上，将其归为大理石类。洞石属于陆相沉积岩，是一种碳酸钙沉积物。

洞石一般为奶油色、米黄色、淡红色，由温泉的方解石沉积而成。因水流从沉积的废石灰渣堆中流出，溶解石灰渣中的钙，重新堆积而成。在堆积的过程中，由于石灰质碳酸岩溶解而形成孔洞。这些孔洞大小形状不一，可以存水、吸水，也可成为一种装饰图案。

狭义的洞石，即指陆相沉积岩形成的碳酸钙类岩石。它的颜色较浅，色泽美丽，又具有观赏性和装饰性。目前市场上的洞石，主要是指这一类产品。

广义的洞石指孔洞形状类似于石灰华的岩石，即浮石。浮石也有美丽的孔洞。其孔洞形似石灰华，但浮石的颜色是黑色或淡红色、灰色，装饰作用不如石灰华。从定义上看，孔洞石也可称为洞石。但它不属于真正的洞石。这便是地质学上的洞石与商业意义上的洞石的区别。

洞石在市场上常见，现在是主要的装饰石材品种之一。

9.1.2 洞石的特点

（1）洞石的易加工性，洞石的岩性均一，质地硬度小，非常容易开采加工，相对密度小，属于轻质石材。

（2）洞石材性细密，具有良好的加工性，容易雕刻，可加工成各种形状的装饰品。

（3）洞石的多孔性。洞石具有大量的孔洞，且孔洞的形状优美，具有天然的孔洞美。这是它与其他大理石最主要的区别。

（4）洞石的多彩性。洞石具有各种色彩，典雅庄重，可赋予建筑极其美丽的外观和引人注目的装饰性，别具一格。

（5）孔洞的多变性。洞石的孔洞属于无规则分布，奇形怪状，装饰效果丰富多样。

9.1.3 仿洞石

仿洞石是人们模仿洞石的特征，人工合成的，质地、外观与天然洞石近似的一种新型装饰材料。20多年来，仿洞石已得到市场认可，产量逐步上升，前景看好。

仿洞石的出现是对天然洞石的补充。仿洞石出现的原因有三个：

1. 天然洞石的资源接近枯竭，供应不足

天然洞石作为特种效果装饰材料，一直在开采。其最早的应用可追溯到古罗马时代。罗马的古斗兽场就是用洞石建造和装饰的。随着现代开采技术的发展，天然洞石开采量急剧增大，造成洞石资源的枯竭。近年来，洞石市场需求急速扩大并受建筑师的热捧，造成其供应紧张。我国市场上的中高端洞石依赖进口，位于北京西单的中国银行大厦的墙面就是用意大利洞石装饰的，是由著名建筑师贝聿铭设计而成的。在建筑师的推动下，洞石的市场需求越来越大，与资源枯竭形成巨大的反差。现在，世界各国均开始限制对天然洞石的开采，优质洞石越来越少。为了解决优质洞石供应不足问题，仿洞石应运而生，并快速发展。这对保护自然资源有好处。

2. 天然洞石价格高昂，仿洞石有价格优势

由于天然洞石的供应不足，导致其市场价格居高不下。目前，我国市场上进口的西班牙、意大利洞石，价格在1000～2000元/m^2（15mm厚），国产洞石在300～800元/m^2（15mm厚）。洞石外墙挂板成了石材中的贵族，远远超过大理石板的价格。由于天然洞石价格过高，人们将目光转向仿洞石。目前，我国人造陶瓷仿洞石近80～200元/m^2（15mm厚），而装饰效果与天然洞石几乎无差别。这种价格优势促进了仿洞石的发展。

3. 我国洞石资源贫乏

世界上的名贵优质洞石大多产自西班牙、意大利、伊朗、土耳其等国家。我国的天然洞石资源相对贫乏，只在河南等地有少量矿源，但均属中低档，所以我国的洞石市场基本以进口产品为主。这也是造成天然洞石紧俏、价格走高、仿洞石兴起的主要原因之一。

4. 我国仿洞石的种类

目前，我国仿洞石产品主要有三大类：微晶仿洞石、陶瓷仿洞石、合成仿洞石。

（1）微晶仿洞石

微晶仿洞石是采用微晶玻璃的生产工艺，并利用造孔剂形成孔洞从而生成的一种高档仿洞石产品。此类产品由于成本及工艺原因产量较低，但产品质量高，产品的装饰性不亚于天然洞石。

（2）陶瓷仿洞石

陶瓷仿洞石是我国仿洞石的主导产品，占仿洞石总产量的80%以上。这种产品是采用高岭土（白色）加入造孔剂制浆成型，利用陶瓷工艺所烧制的一种中档仿洞石产品。其装饰效果好，且价格低于天然洞石，很受欢迎。

（3）合成仿洞石

合成仿洞石是利用高强度等级白水泥及石英粉，加入造孔剂，常温成型的产品。这类产品成本和价格均较低，其逼真性及装饰效果略逊于陶瓷仿洞石。

9.2 金尾矿生产仿洞石原料及工艺选择

9.2.1 技术原理

金尾矿生产仿洞石是以白水泥、金尾矿为主要原材料，以泡沫剂造孔，蒸压水热合成的硅酸盐类产品。

1. 强度形成原理

常规合成仿洞石工艺的主要强度来源是水泥产生的胶凝物质，是水泥基产品，常用的是62.5级白水泥。

本工艺为了多掺金尾矿，提高尾矿利用率，不以水泥为主要强度来源，而以水热合成硅酸盐为主要强度来源。

金尾矿的主要化学成分是SiO_2，占75%～85%，在尾矿中属于高硅类。这就为以它为主要原料合成水热硅酸盐打下了基础。水热硅酸盐主要是由硅钙反应形成的。既然金尾矿含有丰富的硅，我们再加入满足其水热合成反应需要量的石灰［水化产物$Ca(OH)_2$］，同时加入可以促进硅钙水热反应的石膏（主要成分是$CaSO_4$），在蒸压条件下就具备充分进行硅钙水热合成硅酸盐的条件，合成硅酸盐产品。为了进一步提高产品强度，可以外加一定量的石英粉，提高硅的配比量。硅酸盐水化产物的强度贡献率，占合成洞石强度的80%以上，是强度主要来源。其水热合成反应的主要水化生成物除了水化硅酸钙和水化石榴子石，还有水泥水化所不具有的大量托贝莫来石。它的次要强度来源是水泥。由于本配合比中为提高初凝速度，加有10%左右的水泥，所以，水泥的水化产物也贡献了15%～20%的强度，但不占主导地位。

2. 孔洞形成原理

陶瓷成孔原理是在高岭土泥料中加入锯末等易燃物，在陶瓷熔烧时锯末被烧掉而形成孔洞。

由于本工艺不采用熔烧工艺，所以，陶瓷洞石的成孔工艺不能采用。本工艺的成孔是采用更为方便的泡沫混凝土成孔原理，利用通孔性泡沫剂发泡，在料浆中混入泡沫，泡沫在料浆凝结过程中发生串通、合并，而形成大小不一的气孔。常规泡沫混凝土采用的大多是闭孔泡沫剂，形成的气孔细密，不像洞石。洞石的孔较大，且不规则。要形成接近洞石的气孔，只能选择通孔性泡沫剂。这是本产品成功的关键。笔者为此专门研发了洞石生产所需要的通孔泡沫剂，为这一项目的成功实施奠定了基础。

9.2.2 生产工艺概述

金尾矿仿洞石采用蒸压合成硅酸盐泡沫混凝土工艺。

1. 工艺选择原则

工艺的选择应遵循以下几个原则：

（1）有利于提高金尾矿的利用率，尽量多用金尾矿；

（2）生产成本较低，有较好的经济效益；

（3）能保证产品质量，可生产出质感逼真的仿洞石产品；

（4）投资不大，有利于中小企业实施；

（5）与其强度形成、孔洞形成的基本原理相一致，有利于强度与孔洞的顺利形成。

2. 工艺的确定

根据上述五个工艺选择的原则，结合现有的4种仿洞石生产工艺的特点，对各种工艺进行比较和优选。

（1）现有的陶瓷仿洞石烧结工艺，采用的主要原料必须是高岭土，虽然其产品外观逼真、漂亮，但不能利用金尾矿，不予选择。

（2）现有的树脂仿洞石常温成型工艺，由于以树脂为胶结材，虽然可以大量利用金尾矿（可掺入70%～80%），但成本太高，生产过程中又有难闻的树脂气味排放，也不宜选择。

（3）现有的以水泥为胶凝材料，以金尾矿为掺和料的水泥基仿洞石工艺，常温成型，成本较低，水泥又方便易得，投资少，工艺简单，但它只能掺入20%～30%的金尾矿，金尾矿的利用率太低，所以也不能选择。

（4）笔者研发的蒸压合成硅酸盐仿洞石工艺，金尾矿利用率在70%以上，且生产成本低，每$1m^3$综合成本不超过200元，具有较好的经济效益，投资不高，易于实施，同时其产品的质感、孔洞、强度均较好，综合各方面优势看，应是较好的工艺方案。

因此，确定蒸压合成硅酸盐仿洞石工艺为最佳技术方案。

9.3 原材料及其技术要求

9.3.1 主要原材料

1. 金尾矿

金尾矿是含金矿石经磨矿、浮选之后排放的废弃物，也是主要的大宗尾矿之一。目前，我国每年排放的金尾矿为1.8～2亿t，历年累计堆存已达20亿t以上。由于金尾矿中含有大量的重金属镉、铅、镍、砷等，溶入水中造成污染，尾矿粉尘及泥石流危害也很严重，对其综合利用、减少其危害迫在眉睫。

（1）金尾矿的化学成分

金尾矿的主要化学成分为SiO_2、Al_2O_3以及少量的K_2O、TiO_2和铝硅酸盐，物相稳定，在自然条件下基本不与其他物质进行化学反应。其化学成分见表9-1。

表9-1 金尾矿的主要化学成分 %

SiO_2	Al_2O_3	K_2O	CaO	Fe_2O_3	Na_2O	MgO
53～70	15～25	3～6	2～3.5	1.2～2.5	1.1～2.0	0.3～0.8

（2）金尾矿的物理性能

黄金尾矿的pH值>10，呈碱性。矿物相通常以石英、长石、云母类、黏土类及残留金尾矿石为主。其外观呈浅黄色或灰白色，其粒度极细微，达150～300目。这一粒度区间的质量分数达到80%以上，为细粉砂状。

2. 水泥

用金尾矿生产洞石，需配比一定量的水泥，以使料浆尽快凝结，产生早期强度，以利固定泡沫。水泥一般选用42.5R级普通硅酸盐水泥。矿渣硅酸盐水泥、复合硅酸盐水泥、粉煤灰硅酸盐水泥、石灰石硅酸盐水泥由于已掺入较多的混合材，影响金尾矿的掺量，所以不能选用。快硬硫铝酸盐水泥从性能上非常适合使用，但由于价格较高，一般也不宜选用。

3. 生石灰

生石灰主要作为金尾矿的碱性激发剂加入配合料，且必不可少。其主要作用是提供活性钙质，参与硅钙反应。钙是形成硅酸盐的主要物质，其重要性不可小觑。没有生石灰就无法进行硅钙反应。熟石灰[$Ca(OH)_2$]由于效果不如生石灰，所以不予选用。

4. 生石膏

生石膏可以抑制石灰的消解速度，提高其溶解度，并可以强化硅钙水热反应，增加硅钙反应的生成物，提高产品的性能。因此，本工艺添加了少量生石膏（二水石膏）。生石膏可选用价廉的化学石膏如脱硫石膏、钛石膏、磷石膏等。没有化学石膏时也可选用天然生石膏。

5. 活化剂

活化剂为一类复合碱性材料。它可以激发金尾矿的水热反应活性，所以也称激发剂。活化剂没有现成的市售产品，笔者根据金尾矿的特点而开发的专用产品可以解决此问题。

6. 开孔泡沫剂

开孔泡沫剂是华泰公司专为仿洞石的生产而研发的特种泡沫剂。这类泡沫剂的主要特点是在泡沫进入配合料浆体后，会使泡沫相互连通并有一部分合并，使之在硬化体中形成的气孔较大且不规则，不像其他泡沫混凝土那样是均匀的圆细孔，而是大孔和不规则孔，更有装饰性，更接近于天然洞石的孔洞形态。一般的常用泡沫剂无法形成这样的孔，建议使用这种专用的泡沫剂。

7. 石英粉

石英粉在这里是作为硅质调节剂使用的。当金尾矿的 SiO_2 含量低于75%时，就要使用石英粉来调节硅量。由于仿洞石的强度要求远高于加气混凝土，硅钙比要求高，对尾矿硅含量要求达到85%以上，一般的金尾矿都较难满足这一技术要求，所以，要加入一定量的石英粉来调节其硅量。

8. 减水剂

减水剂的作用：一是提高料浆的浇筑流动性，提高浇筑效果；二是缩短搅拌时间，提高生产效率，改善料浆的匀质性和搅拌质量。减水剂优选聚羧酸型。

9.3.2 原材料的技术要求

1. 金尾矿的技术要求

二氧化硅（SiO_2）含量：≥75%。
细度0.08mm方孔筛筛余量：≤10%。
干表观密度：1700～1900kg/m^3。
泥土含量：≤2%。
有害物质含量：控制在合理范围内。

2. 生石灰的技术要求

有效氧化钙含量：≥75%。
消解速度：中等。
氧化镁含量：≤5%。
细度0.08mm方孔筛筛余量：≤15%。
水化热：≥1200kJ（1kg氧化钙水化放热量）。
过火欠火生石灰：不得使用。

3. 生石膏的技术要求

硫酸钙（$CaSO_4$）含量：≥65%。
细度0.08mm方孔筛筛余量：≤15%。
杂质含量：控制在合理范围内。

4. 水泥的技术要求

初凝时间：≤50min。
比表面积：≥350m²/kg。
强度等级：42.5 或 52.5。
碱含量：不大于 0.60%。
安定性：应达到煮沸法合格。
其他技术指标：应符合相应国家标准的有关规定。

5. 石英粉的技术要求

二氧化硅含量：≥95%。
细度 0.08mm 方孔筛筛余量：≤15%。
三氧化二铁含量：≤0.06%。

6. 聚羧酸减水剂技术要求

减水率：≥30%。
有效成分含量：≥40%。
甲醛含量：不大于 0.05%。
28d 抗压强度比：不小于 130%。

7. 开孔泡沫剂技术要求

发泡倍数：≥24。
泌水率（1h）：≤40%。
泡沫沉降距（1h）：≤10mm。
泡沫混凝土料浆沉降率（固化）：≤5%。
开孔率：≥80%。
泡径：≥1mm。

8. 活化剂技术要求（粉剂）

有效成分含量：≥70%。
细度 0.08mm 方孔筛筛余量：≤5%。
蒸压硅酸盐抗压强度比：不小于 140%。
有害物质含量：为零。

9. 拌和用水技术要求

不得使用有污染的水。其他技术指标按用于拌制混凝土的水质要求执行。原则上，凡是能饮用的自来水及洁净的天然水都可以使用，无其他特殊要求。

磁化水效果更好，推荐使用磁化水。磁化时的磁场强度4600Gs，磁化时间15s。

9.4　配和比设计

9.4.1　配和比设计的三要素

钙硅比、水料比、泡浆比是本产品配和比设计的三要素。

1. 钙硅比

如前所述，泡沫混凝土之所以能够具有一定的强度，其根本原因是泡沫混凝土的基本组成材料中钙质材料和硅质材料在蒸压养护条件下相互作用，CaO与SiO_2之间进行水合反应产生新的水化产物。因此，为了获得足够多的水化产物（包括质量和数量）必须使原材料中的CaO与SiO_2成分之间维持一定的比例，使其能够进行充分、有效的反应，从而达到使泡沫混凝土获得强度的目的。我们把泡沫混凝土原材料中的CaO与SiO_2之间的这种比例关系，称为泡沫混凝土的钙硅比。它是泡沫混凝土组成材料中CaO与SiO_2总和的摩尔数比，写成C/S。本工艺的C/S为0.7～0.8。

2. 水料比

水在硅酸盐泡沫混凝土生产中是很重要的。它既是水合反应的参与组分，又是使各物料均匀混合和进行各种化学反应的必要介质，水量的多少直接关系到硅酸盐泡沫混凝土生产的成功与否。

衡量配方中用水量的多少，常用水料比这个概念。水料比指料浆中水的总含量与硅酸盐泡沫混凝土干物料总和之比。

适当的水料比不仅满足化学反应的需要，而且满足浇筑成型的需要。适当的水料比可使料浆具有适宜的流动性，为泡沫混入提供必要的条件；适当的水料比可以使料浆保持适宜的极限剪切应力，使料浆稠度适宜，从而使泡沫混凝土获得良好的气孔结构，进而对硅酸盐泡沫混凝土的性能产生有力的影响。

不同的泡沫混凝土品种，其原材料性能及产品的体积密度在一定的工艺条件下都有最佳水料比。一般来说，体积密度为1200kg/m^3的硅酸盐泡沫混凝土的最佳水料比为0.40～0.45。

3. 泡浆比

泡浆比即加入的泡沫与料浆之比。泡浆比决定仿洞石产品的孔隙率、产品体积密度。本产品属于泡沫蒸压硅酸盐合成材料。它的一个重要技术指标就是体积密度。这里所说的体积密度不是出釜体积密度，而是绝干体积密度。天然洞石的体积密度为 1800 ~ 1900kg/m^3。本仿制品确定的体积密度略低一些，为 1100 ~ 1200kg/m^3。泡沫的加入量决定产品的体积密度及孔隙率。根据笔者的实验室经验，其泡沫加入量与料浆之比（体积比）为 0.3 ~ 0.4。按照此泡浆比，产品的体积密度可达设计要求，其孔隙率约为 35%，可以保证产品形成美丽的孔洞。

9.4.2 配和比设计要求

为了保证仿洞石产品的质量及仿真性，其配和比设计必须符合以下要求。

（1）配和比设计首先要保证产品的仿真性，质感、孔洞、密度、色泽等都尽量接近天然洞石。

（2）制品要具有良好的实用性能，符合建筑外墙装饰的要求。在诸多性能中，首先考虑体积密度和抗压强度，其次考虑制品的耐久性。

（3）制品或坯体具有理想的工艺性能，与生产工艺相一致。配和比设计要保证浇筑的稳定性、料浆的良好流动性（稠度）、合适的初凝时间、顺畅的工艺流程等，保证工艺成功实施。

（4）所采用的原材料品种少，来源方便广泛、价格低廉、运输便利，尽可能多地利用工业废料。

（5）配和比要照顾到环保性，所选用的材料应无污染、无毒无害，符合环保要求，在生产过程中没有废水、废气、废渣的排放。

（6）配和比设计要考虑到经济性要求，控制产品成本，性价比高，且具有一定的市场竞争力。

9.4.3 各物料的配比量

1. 金尾矿的配比量

金尾矿在本配比中的主要作用是提供 SiO_2。由于本产品的强度形成，绝大部分来自硅钙水热反应，而硅是最基本的参与反应的物质，所以，金尾矿的 SiO_2 含量及其配比量将影响产品的强度。

金尾矿的 SiO_2 含量是决定其配比量的第一因素。金尾矿由于各地矿脉的差异，其 SiO_2 含量有一定的差异，一般在 70% ~80% 之间波动，个别的低于 70%。SiO_2 含量高的，金尾矿的配比量一般为 70% ~75%。金尾矿的具体配比量可根据当地金尾矿的 SiO_2 含量进行计算设计。

2. 石英粉的配比量

当金尾矿的 SiO_2 含量达到 80% 以上时，不需配比石英粉。只有当金尾矿的 SiO_2 含量不足 80% 时，为弥补其 SiO_2 含量的不足，才可以配比 5% ~15% 的石英粉。

3. 生石灰的配比量

生石灰主要提供钙质材料。其主要作用是为硅钙反应提供充足的有效活性钙，使之在水热条件下与金尾矿中的 SiO_2 作用，生成水化硅酸钙，从而使制品获得强度。另外，生石灰水化释放的热量可以提高配合料浆的温度，加速水泥的水化，有利于稳定泡沫，减少塌模。据测定，1mol CaO 水化时放出的热量为 64.9kJ，1kg CaO 放出的热量为 1160kJ，其放热反应式如下：

$$CaO + H_2O \longrightarrow Ca(OH)_2 + 64.9kJ/mol \tag{9-1}$$

生石灰的这种迅速大量放热能力，不仅提高料浆温度，稳定泡沫，而且在坯体的硬化阶段，可以使坯体升温达 80 ~90℃，促进坯体中胶凝材料的进一步凝结，从而促进坯体强度的迅速提高。

生石灰的放热反应，将使其体积膨胀约 44%。对磨细生石灰来说，这一膨胀过程大部分发生在开始水化后的 30min 内。这种效应一方面对坯体硬化有益；另一方面，若坯体已经具有一定的强度而失去塑性，其膨胀还在进行，就会造成坯体开裂。所以，生石灰的配比量要严格控制，既要满足硅钙反应的需要，又要防止过度膨胀破坏坯体。

生石灰的具体配比量，一要看生石灰的有效活性 CaO 的含量，二要看本配比的钙硅比。本配比确定的钙硅比为 0.75，所以，生石灰的配比量可据此计算确定。

4. 水泥的配比量

水泥在配比中发挥两个重要作用：一是胶凝作用，为料浆提供早期的凝结，使泡沫能在几十分钟内被水泥的水化产物稳定而防止消泡；二是辅助生石灰，与生石灰一起为硅钙水热反应提供钙源。水泥中的氧化

钙水化后形成 $Ca(OH)_2$，可以与金尾矿的 SiO_2 通过水热反应生成水化硅酸钙，从而形成强度。这两个作用中，提供钙质是次要的，因为水泥的加量较少，提供的钙质不占主导，钙质主要还是靠生石灰提供。水泥的核心作用还是稳定浆体，保证浇筑的稳定性，加速浆体凝结固泡，加速坯体的凝结，改善坯体的性能并提高坯体质量。

水泥的一般配比量为固体物料总量的15%～20%，以稳定料浆、保证浇筑体不塌模为标准。

5. 生石膏的配比量

生石膏是配比中的调节材料。它主要调节生石灰的消解速度、料浆的稠化速度以及水热反应的程度，提高坯体的强度，改善制品的收缩性。

生石膏的一般配比量为金尾矿的3%～4%，占固体物料总量的2%～3%，具体的配比量应根据其含量计算。

6. 活化剂的配比量

活化剂在配比中属于调节材料。本工艺采用的活化剂是几种碱性物质的混合物。它促进硅钙反应的进行，加速坯体的硬化，缩短坯体切割时间，激发金尾矿的潜能，最终提高产品强度。

活化剂的配比量一般为金尾矿的0.5%～1%。

7. 聚羧酸减水剂的配比量

聚羧酸液体减水剂的配比量为固体物料总量的0.5%～1%。具体看其有效成分含量。若采用粉体产品，配比0.3%～0.5%即可。

8. 泡沫的配比量

泡沫的配比量按料浆的体积设计。泡浆比可按0.3～0.4（体积比）设计。本产品与常规泡沫混凝土不同，密度较大，属于微发泡产品，不需加入过多泡沫。

9. 水的配比量

水的配比量按水料比设计。其水料比一般为0.4～0.45。

10. 颜料的配比量

颜料的配比量可根据具体产品的色泽要求确定，在此不做规定。

9.5 仿洞石生产工艺

9.5.1 原材料预处理

1. 金尾矿的烘干

从尾矿库中挖取的金尾矿，一般都有较高的含水量，不易粉磨与计量，需先行烘干。烘干的技术要求达到含水量不大于2%。

2. 金尾矿的过筛

烘干后的金尾矿需过振动筛，筛去草根、树叶等杂质及较大的颗粒。筛孔为80目。

3. 原材料的计量

将筛分后的金尾矿，已磨细的生石灰、生石膏（或外购的生石灰、生石膏粉）以及水泥、活化剂、石英粉或颜料等分别按配比量自动计量。计量误差：金尾矿不大于1%，生石灰、生石膏、水泥、石英粉不大于0.3%，活化剂不大于0.1%。

4. 原材料的混磨

计量好的原材料经输送机送入球磨机的磨头仓，再经给料机均匀加入球磨机球磨。各粉体原材料的混磨目的：一是可以混合得非常均匀；二是有利于金尾矿活性的提高；三是各物料间有互相助磨作用，可以磨得更细。混磨后，各物料的比表面积均可以达到350m^2/kg左右，实现了高细。这种混合物料制浆后反应会更彻底，水化生成物更多。

为了提高混磨效率，可以在混磨时，从磨头加入助磨剂助磨。助磨剂的加入量为混合物的0.05%左右。

5. 泡沫剂的稀释

泡沫剂应先行稀释，稀释倍数为40倍加水。稀释后的泡沫剂应加入泡沫剂储料桶备用。

6. 搅拌用水的磁化

本工艺建议采用磁化水。所有的配料、搅拌用水均应经过磁化机进行磁化处理。磁化后的水放入储水罐备用。

9.5.2 料浆制备

本工艺采用两级搅拌制备料浆：一级搅拌制备配合料净浆；二级搅拌加入泡沫剂，制备成泡沫料浆。

1. 一级搅拌

一级搅拌采用的是加气混凝土料浆制备的螺旋式搅拌机。该螺旋式搅拌机的结构示意图如图 9-1 所示。

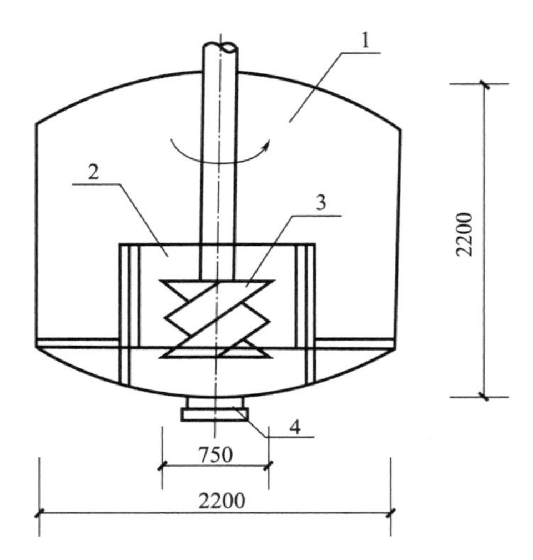

图 9-1 螺旋搅拌机的结构示意图

1—筒体；2—导流筒；3—螺旋搅拌机；4—卸料口

这种搅拌机原由波兰乌尼泊尔公司研发，20 世纪 70 年代引入我国。这种机型的优点是物料在搅拌器的吸拉和推送作用下，料浆上下翻滚，混合均匀度高，成浆效率高。

配合料经斗式提升机进入一级搅拌机上方的储料槽，再经槽底的给料机匀速向搅拌机内加料。粉料配合料加入前，应向搅拌机先加入配比料的拌和水。一级搅拌周期为 5min，搅拌机转速为 900r/min。

2. 二级搅拌

二级搅拌采用泡沫混凝土常用的卧式双轴搅拌机，该机的结构示意见图 9-2

该机为 20 世纪 90 年代初国内企业在原来普通混凝土 JS 系列卧式双轴搅拌机的基础上，针对泡沫混合特点改进而成，具有混合泡沫效果好、不伤泡沫的优点。

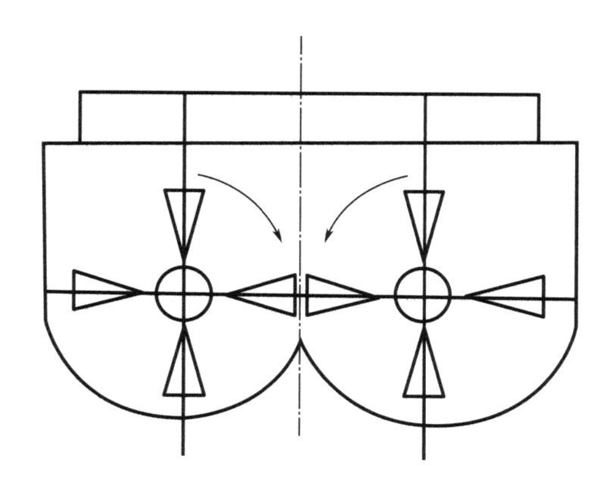

图 9-2　泡沫混凝土卧式双轴搅拌机的结构示意图

二级搅拌机位于一级搅拌机的正下方。一级搅拌的料浆制好后，利用高低位，可以直接向二级搅拌机卸料。卸料完毕，发泡机向二级搅拌机内加入泡沫。二级搅拌机一边接收泡沫一边搅拌混泡，其混泡时间为3min，搅拌机转速为30r/min。

9.5.3　泵送浇筑与静停凝结

本工艺采用模具静停与初养室初养，由浇筑泵向模具内泵送浇筑成型。这种工艺具有工艺简化、投资较小的优点。成型采用小型模具，一般尺寸为3m×1.5m×1.5m。浇筑泵采用挤压泵或液压泵，也可采用螺杆泵，泵送距离一般不宜超过100m。泵送距离越远，泡沫损失越大。泵送浇筑由于避免了模车的移动，有利于浇筑后料浆的稳定。

模具静停的初养室应为恒温40℃，以利缩短初凝时间。

模具应采用金属板覆面聚氨酯泡沫填充夹芯复合板制造，以利保温，降低坯体凝结时的内外温差，避免产生边角效应。由于本工艺不采用钢丝切割工艺，应采用蒸压后切割，所以模具不宜设计过大，否则将来坯体过大，切割困难。

浇筑泵的压力不可过大。压力过大，泵送时消泡。泵送管道内壁应光滑，否则会造成气泡损失过多。

模具注浆后的静停时间以料浆终凝为准，如果料浆凝结不充分，在模车向蒸压釜内运行时，易在移动中造成塌模。

料浆可由二级搅拌机卸出，储于料罐中，再由泵从料罐中抽出，泵至模具中。料浆注入模具后可以自流平，不需人工摊铺。

9.5.4　蒸压养护

料浆在模具内终凝后，脱去模框，坯体留在底板上由模车运载，送入蒸压釜蒸压养护。下面介绍蒸压养护制度。

1. 抽真空

釜内剩余空气的分压，可以使蒸气压下降约 0.06MPa，温度也有所下降。这些剩余空气若混入蒸汽，将大大影响热交换。所以，蒸压养护工艺的第一步就是抽出蒸压釜内的空气，使釜内形成相对真空以提高蒸压效果。

合适的真空度范围大致为 -0.06 ~ -0.07MPa，一般不得低于 -0.04MPa。

抽真空的速度一般不宜太快，通常是用 30 ~ 50min 均匀地使釜内表压达到 -0.06MPa。速度过快会使坯体受损。

2. 升温

本工艺可以采用直线升温，一般升温时间为 120 ~ 180min，其中，前段可适当缓慢一些，后期可以加快速度。升温速度不宜过快。如升温过快，坯体内外温差过大，易造成开裂，损坏坯体。

3. 恒温

硅酸盐混凝土进行水化反应的阶段需要恒温。

理论上，本工艺的水化反应在 174.5℃以上都可以进行。不过考虑到釜内的传热特点，为保证制品性能及生产效率，可适当提高温度和压力，实际生产用恒温压力可控制为 1.0 ~ 1.2MPa（温度为 183 ~ 191℃）。若采用 1.1MPa 的养护压力，则养护时间不可少于 4h。

4. 降温

整个降温过程，开始时速度较慢，中期较快，到后期（表压 0.1MPa 以下）又较慢。整个降温过程可控制在 2h 内。降温速度千万不可过快，过快降温易损伤坯体。拧松釜门后，不要立即打开，尽量多等等，使其逐渐冷却降温。

9.5.5 切割

出釜后的坯体，用起吊装置从底板上吊起，送至堆场，继续堆放 3 ~ 5d，使其熟化，并与自然环境温度一致，然后进入切割工序。

1. 大锯分切为块体

先用大型石材金刚石切割机将坯体分切为小块。金刚石切割片的直径应大于1.6m。为防止切割粉尘的产生，切割机的锯口应设置淋水装置及除尘系统。

2. 小锯分切为装饰板

大锯切割好的块体，由机械手送入板材自动分切机。分切机可采用多锯片金刚石型石材锯，一次性将块体分切为各种尺寸要求的仿洞石装饰板成品。

3. 抛光

切割后的仿洞石板材，可送入抛光机进行不同程度的修边、倒角、抛光等后期处理，达到市场需求的商品水平即可入库。

图9-3是笔者研制的仿洞石成品与天然洞石的外观比较。从图9-3中可以看出，仿制品已达到与天然洞石难以区分的效果。

(a) (b)

图9-3 仿洞石与天然洞石的外观比较

（a）仿洞石；（b）天然洞石

10 铁尾矿泡沫混凝土钢框架复合板

10.1 铁尾矿简况

10.1.1 铁尾矿的排放与利用现状

在我国大宗固废中，铁尾矿是几个主要品种之一。历年堆存的铁尾矿至今已超过 10 亿 t，各地的铁尾矿库已达数千座，占用大量的土地，并给环境造成了很大的危害。所以，国家的“十一五”到“十四五”科技支撑计划中，都把铁尾矿的综合利用列为重要课题，并投入巨额经费用于相关技术开发。可以说，铁尾矿的综合利用是国家最重视的尾矿开发领域之一。

经过 20 多年的不断努力，尤其是近年来的科技创新，铁尾矿的资源化利用取得突破性的进展，出现不少重大科技成果，其中，成果最突出的表现在建筑材料领域。在这一领域，应用量大、经济效益好、技术比较成熟的项目有铁尾矿路基、铁尾矿蒸压砖、铁尾矿特种水泥、铁尾矿干粉砂浆、铁尾矿喷射混凝土、铁尾矿充填材料、铁尾矿烧制胶凝材料等。有的已形成规模效益（如路基应用），可以说，铁尾矿资源化利用已经取得了阶段性成果。

由于连年堆存量不断增加，铁尾矿的研发力度还需加大，应用领域还需扩展，新的应用技术应着力开发。可以说，铁尾矿资源化利用之路仍很漫长，有待社会各方的共同努力。

10.1.2 铁尾矿泡沫混凝土的研究状况

在各种铁矿资源化利用的新领域中，泡沫混凝土是十余年来出现的一个技术亮点，有关研究报告及论文已有 200 多篇，结题的研究也有近百项。泡沫混凝土制品也是比较热门的课题，引起了不少专家学者的研究兴趣，有些企业的技术部门也投入了一定的人力、财力、物力，与专家学者一同研发新技术。各地在这方面的进展虽不尽相同，但都取得了一定的技术成果。有些企业的产品已投入工业化生产，在实际工程中获得了应用。在铁尾矿泡沫混凝土制品方面，铁尾矿泡沫混凝土砌块与板材所占比例最大。本章重点介绍铁尾矿在泡沫混凝土制品生产中的应用。

综合各方面的信息，铁尾矿制备泡沫混凝土制品所取得的主要进展，有以下几个方面：

（1）铁尾矿可以用于制造泡沫混凝土制品，且在配比中有较大的掺量，常温下可掺入30%～50%，蒸养下可掺入50%～55%，蒸压下可掺入60%～70%。

（2）掺入铁尾矿的泡沫混凝土制品，具有比较理想的技术性能。700kg/m^{3}的密度等级，抗压强度可达4～5MPa，符合应用要求。

（3）产品成本可控制在较低的水平，能够被市场所接受，性价比仍在企业允许范围内。

（4）实际工程能够认可铁尾矿泡沫混凝土制品，证明其发展前景较乐观，可持续发展，尤其是铁尾矿泡沫混凝土板材制品，技术日趋成熟，可以规模化生产。

10.2 主要原材料

10.2.1 铁尾矿

1. 铁尾矿的化学成分

各矿山铁尾矿的化学成分差别较大，其化学成分占比见表10-1。

表10-1 铁尾矿的化学成分占比 %

SiO_2	Al_2O_3	Fe_2O_3	CaO	MgO	SO_3	K_2O	Na_2O
45～83	7～14	8～22	4～12	3～7	0.5～3.0	0.3～1.2	0.6～3.2

2. 铁尾矿的类型

各地的铁尾矿由于其化学成分不同，有不同的类型。我国的铁尾矿大致可分为4种类型：

（1）鞍山高硅型。这类铁尾矿量最大。它的特点是含硅量大，一般SiO_2含量大于70%，多数达75%以上。其平均粒径为0.04～0.20mm。

（2）马钢高铝型。这类铁尾矿产量不大，主要分布于长江中下游地区。主要特点是Al_2O_3含量较高，多数不含伴生元素。其粒径为0.047mm，含量占30%～60%。

（3）邯郸高钙镁型。主要分布于河北邯郸地区，伴生元素多，如

S、CO 等。一般粒径为 0.047mm，含量占 50% ~70%。

（4）酒钢低钙、镁、铝、硅型。主要分布于甘肃酒泉地区。该类铁尾矿中主要非金属矿物是重晶石、碧玉，伴生元素有 CO、Ni、Ge 等。其粒径为 0.047mm，含量占 70% 左右。

3. 铁尾矿的技术要求

用于生产泡沫混凝土砌块的铁尾矿，应符合如下技术要求：

SiO_2 含量：≥65%。

Al_2O_3 含量：≥10%。

粒径：≤0.075mm。

有害杂质含量：符合相关要求。

含水量：≤2%。

4. 铁尾矿的优化

本工艺选用华泰公司的优化预处理铁尾矿。该尾矿经过筛、烘干，与激发剂混合、混合粉磨、复合活化，有一定的活性，优于原状尾矿。

10.2.2 水泥

1. 水泥品种的选择

用于生产铁尾矿泡沫混凝土砌块的水泥品种，宜选用普通硅酸盐水泥 42.5R 级，不得选用复合硅酸盐水泥、矿渣硅酸盐水泥、石灰石硅酸盐水泥、粉煤灰硅酸盐水泥等，也不得选用 32.5 级低强度等级通用水泥。

2. 水泥的技术要求

对普通硅酸盐水泥的具体技术要求如下：

比表面积：≥350m^2/kg。

初凝时间：≤45min。

终凝时间：≤4h。

安定性：合格。

出厂时间：3 个月之内。

外观质量：不得有结块。

富余强度：≥5MPa。

3. 对水泥使用的其他规定

普通硅酸盐水泥凝结较慢，不利于稳定泡沫，易造成消泡和塌模。

为弥补这一不足，在使用普通硅酸盐水泥时，允许其复合一定量的快硬硫铝酸盐水泥或铝酸盐水泥（高铝水泥）。快硬硫铝酸盐水泥或铝酸盐水泥与普通硅酸盐水泥的复合比例为1：9或0.5：9.5。

快硬硫铝酸盐水泥选用42.5级，铝酸盐水泥选用62.5级。这两种特种水泥均符合国家相关标准的规定。

10.2.3 发泡剂与稳泡剂

本工艺采用化学发泡，所以采用的是双氧水化学发泡剂及与之相配套的粉体稳泡剂硬脂酸钙、Y型液体稳泡剂。

1. 双氧水发泡剂

（1）双氧水发泡原理

双氧水在泡沫混凝土中发泡，是依靠其分解反应产生氧气来完成发泡的。在常温常压下，纯净的双氧水是非常稳定的，并不会分解发气。但是，在加入催化剂的情况下，或在升温、加压、辐射等条件下，双氧水就会分解而形成水和氧气而发气。其分解发气反应式见式（10-1）：

$$2H_2O_2 = 2H_2O + O_2\uparrow \tag{10-1}$$

（2）双氧水的物理性质和化学性质

双氧水为俗称，其化学名称为过氧化氢。这是由两个氢原子和两个氧原子以其共价键的形式结合形成的化合物。它在常温下为液体，浓度为27.5%（质量分数）。

① 物理性质

过氧化氢的分子式为H_2O_2，相对分子量为34.016，纯液态双氧水是无色、无味的液体，可以与水以任何比例混合。在一定条件下，可形成固体。它还可以溶于许多有机溶剂如醇、醚、酯、胺等。

在-0.43℃时，固体双氧水的密度为$1.47g/cm^3$，25℃时溶液（27.5%）的密度为$1.10g/cm^3$。

② 化学性质

双氧水的主要化学性质为还原性与强氧化性，因此，它是还原剂，也是氧化剂。

还原性即在化学反应中化学价升高，被氧化。因为结构不稳定，所以容易被氧化。双氧水做还原剂时，它的氧化产物是氧气。

双氧水具有很强的氧化性，尤其是纯品，一遇到可燃物就着火。在水溶液中，它是常用的氧化剂，它的氧化作用在碱性溶液中反应较剧烈。

（3）双氧水分解的影响因素如下：

① 催化剂。其常用的催化剂有重金属、过渡金属元素、酸和碱等。

② 温度。升高温度可促进其分解。温度每上升10℃，其分解速度提高一倍。

③ 辐射。辐射可促进双氧水的分解。例如，紫外线辐射分解、高能放射分解等。

④ 电解。电解可使双氧水分解。电流密度较高时，双氧水发生分解。

目前，在泡沫混凝土生产中，促进双氧水分解的因素主要为催化剂和温度。

（4）双氧水的技术要求：

有效成分含量：≥27.5%（质量分数）。

稳定度：≥97%（质量分数）。

总碳（以C计）：≤0.03%（质量分数）。

不挥发物：≤0.06%（质量分数）。

2. 硬脂酸钙粉体稳泡剂

硬脂酸钙现在是各企业最常用的双氧水配套稳泡剂。它不但具有良好的稳泡作用，而且可以降低产品的吸水率。

硬脂酸钙又称十八烷酸钙，分子量为606.80，白色微细粉末，熔点为148～155℃，密度为1.03～1.08g/cm^3。工业品采用硬脂酸钙与氢氧化钠、氯化钙反应制取。

硬脂酸钙具有良好的憎水性，通常也作为防水剂使用。将硬脂酸钙加入浆体，可提高浆体的流动性，有效增强浆体成型后制品的抗渗防水能力。硬脂酸钙有较高的表面活性，能有效增加液体的表面张力，并在液膜表面双电子层上排列而包围空气，加固液膜，从而防止气泡的破裂而稳泡。

硬脂酸钙应符合以下技术要求：

钙含量：6.5%±0.6%。

游离酸（以硬脂酸计）：≤0.5%。

加热减量：≤3.0%。

细度（0.075mm标准筛）：≥99.5%。

堆积密度：≤0.2g/cm^3。

3. Y型液体稳泡剂

双氧水发泡时，单加硬脂酸钙，往往不能达到理想的稳泡要求，浇筑体积较大时仍会塌模。为确保浇筑不塌模，笔者研发了与硬脂酸钙配套使用的 Y 型液体稳泡剂。经在生产中反复使用，稳泡效果优异，将其与硬脂酸钙复合使用，即使一次浇筑 2～4m^3 的大体积，也确保不塌模。

Y 型液体稳泡剂的技术指标如下：

有效成分含量：≥65%。

密度：1.06g/mL。

pH 值：10.5。

外观：淡黄色透明液体。

10.2.4 纤维及其他外加剂

1. 纤维

纤维在配比中也是必不可少的组分。它主要是降低产品的收缩，提高强度，并对浇筑的稳定性有一定作用。

纤维有很多种可选，如聚丙烯纤维、玻璃纤维、聚乙烯醇纤维等。从性价比考虑，本工艺优选聚丙烯纤维。

聚丙烯纤维的技术要求如下：

长度：8～20mm，优选 10～12mm。

抗拉强度：300MPa 以上。

断裂伸长率：15%～25%。

纤维直径：≤20μm。

弹性模量：≥3500MPa。

外观：色泽纯白，富有光泽，不易拉断。

2. 高效减水剂

本工艺优选的高效减水剂为密胺减水剂。密胺减水剂的最大优点是对各种配方的适应性好，对各种胶凝材料及外加剂均可适应。密胺减水剂又名三聚氰胺甲醛减水剂，减水率可达 25%，有液体和粉体两种。本工艺为配料方便，选用粉体。

高效减水剂的技术要求如下：

减水率：≥25%。

含气量：≤3.0%。

pH 值：7～9。

初凝时间：≥45min。

终凝时间：≤390min。

3. 促凝剂

促凝剂可促进水泥的水化和凝结硬化，缩短脱模时间，并防止塌模。

某工艺优选的促凝剂为笔者研发的 CN-2 型。该促凝剂不但对水泥有促凝作用，可缩短凝结硬化时间 1/3 左右，而且对促进硅钙反应有明显作用，并具有铁尾矿的活性激发作用。

促凝剂 CN-2 的主要技术指标为：

外观：白色粉末。

有效成分含量：≥57%。

细度（0.08mm 方孔筛筛余）：≤10%。

含水量：≤2%。

10.3 产品设计

10.3.1 产品结构设计

1. 产品概述

泡沫混凝土及轻集料钢框网架板，又称钢框架复合板，是我国自主研发的一款大型外墙轻质墙板。这种板最早由北京太空板业公司研发推广，随后，北京中基板业及国鼎板业也相继跟进，研发了不同填充材料的同类型产品，形成了在国内影响较大的大型墙板体系。目前，已先后有《发泡水泥复合板》（02ZG710）、《钢框架发泡水泥芯材复合板》（GB/T 33499—2017）等 5 部标准颁布实施，有了完整的标准支撑系统。这种板材目前已有几百家生产，遍布全国各地，广泛应用于住宅、大型公共建筑、工业建筑等，工业厂房应用最为普遍。

原有的钢框架复合板，其芯层大多采用快硬硫铝酸盐水泥化学发泡生产，其缺点是成本较高。为降低水泥用量，近两年，开始用一部分掺和料取代硫铝酸盐水泥 20% ~40%。其中，以铁尾矿作为掺和料生产钢框架复合板，是一项很有前景的技术。

2. 产品结构设计

（1）产品定义

钢框架发泡水泥复合板由含有玻纤网的水泥砂浆为上下面层，发泡水泥芯材及钢框架、钢筋桁架复合而成的一种新型建筑维护板材。

（2）结构

本板的结构特征：由钢骨架、发泡水泥填充芯层、玻纤网增强水泥砂浆面层三部分组合而成。钢骨架的主体是由C型钢或U型钢框架，以及固定于钢框架上的钢筋（或矩形钢管）桁架组成。钢骨架主要承受外力作用，保持板材形成一个完整的可承受较大外力的结构。在钢框架与钢桁架组成的空间结构中，填充有发泡水泥芯材。芯材的主要作用是保温隔热，并兼有吸震防震的功能。在芯材的上下表面复合有以玻纤网增强的水泥砂浆面层，主要作用是保护芯层，赋予大板良好的抗冲击性和耐候性。

图10-1是钢框架复合板的结构示意图。

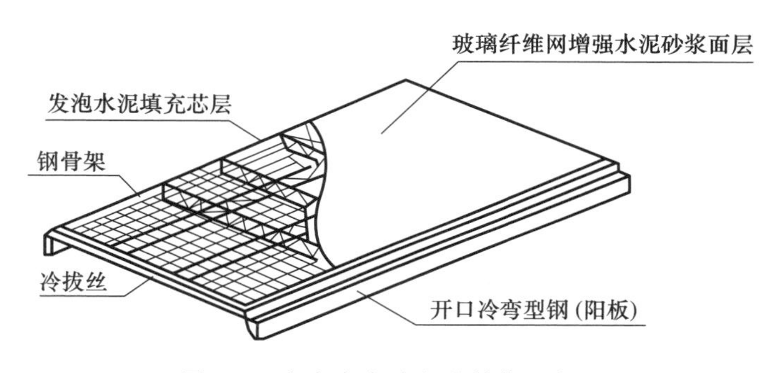

图10-1　钢框架复合板的结构示意图

10.3.2　规格尺寸设计

钢框架铁尾矿发泡水泥复合板的规格尺寸见表10-2

表10-2　钢框架铁尾矿发泡水泥复合板的规格尺寸　mm

分类	长度 L	宽度 b	边框高度 h	板体厚度 d
网架板	≤2400	≤2400	80	80、100、120
	2400～3000	2400～3000	100	100
	2400～3300	2400～3000	125	120、140、160
	2400～3600	2400～3000	140	
	2400～3900	2400～3000	160	
	2400～4200	2400～3000	180	
普通板	6000	1500～3000	240	100、120、140、160
			260	
	7500	1500	240	
			260	
	7500	1500～3000	340	
			360	

续表

分类	长度 L	宽度 b	边框高度 h	板体厚度 d
大型板	9000	1500～3000	380	100、120、140、160
			400	
天沟板	6000	600～900	220	60、80
	7500		300	60、80
	9000		360	60、80
墙板	≤6000	≤3300	120	150、200、250、300
			140	
			160	

10.3.3 板的力学性能设计

1. 网架板外加荷载值设计

网架板外加荷载值设计值见表 10-3。

表 10-3 网架板外加荷载值设计值

荷载等级	Ⅰ	Ⅱ	Ⅲ	Ⅳ	Ⅴ	Ⅵ	Ⅶ
外加荷载值/(kN/m²)	0.7	1.0	1.5	2.0	2.5	3.0	3.5
挠度允许值/mm	≤L/200						

注：L 为网架板长度。

2. 屋面板外加荷载值设计

屋面板外加荷载设计值见表 10-4

表 10-4 屋面板外加荷载值设计值

荷载等级	Ⅰ	Ⅱ	Ⅲ	Ⅳ
外加荷载值/(kN/m²)	0.7	1.0	1.5	2.0
挠度允许值/mm	≤L/200			

注：L 为屋面板长度。

3. 墙板外加荷载值设计

墙板外加荷载值设计值见表 10-5

表 10-5 墙板外加荷载值设计值

荷载等级	Ⅰ	Ⅱ	Ⅲ	Ⅳ	Ⅴ	Ⅵ	Ⅶ	Ⅷ	Ⅸ	Ⅹ
外加荷载值/(kN/m²)	0.7	1.0	1.5	2.0	2.5	3.0	3.5	4.0	4.5	5.0
挠度允许值/mm	≤L/200									

注：L 为墙板长度。

4. 墙板的吊挂力与抗冲击性能设计

墙板的吊挂力与抗冲击性能设计值见表10-6。

表10-6 墙板的吊挂力与抗冲击性能设计值

项目	要求
吊挂力	吊挂荷载1000N，静止24h，板面无宽度超过0.5mm的裂缝
抗冲击性能	经15次冲击试验后，板面无裂缝

注：吊挂力与抗冲击性能不适用于网架板、屋面板、天沟板。

10.3.4 板的物理性能设计

板的物理性能设计值见表10-7。

表10-7 板的物理性能设计值

项目	要求			
	网架板	屋面板	墙板	
传热系数/[W/(m²·K)]	—	—	≤0.6	
耐火时间/h	≥1.5	≥1.5	≥3.0	
空气声计权隔声量/dB	—	—	民用	≥45
			工业用	≥40

注：物理性能不适用于天沟板。

10.3.5 板的铁尾矿发泡水泥芯材性能设计

板的铁尾矿发泡水泥芯材的物理性能设计值见表10-8。

表10-8 板的铁尾矿发泡水泥芯材物理性能设计值

项目	要求
体积（干）密度/（kg/m^3）	250~350
导热系数/[W/(m·K)]	0.073~0.090
抗压强度/MPa	≥0.4
体积吸水率/%	≤10
软化系数	≥0.80
燃烧性能	A_1

注：当客户对产品保温性能或质量有特殊要求时，发泡水泥芯材内可加入其他轻质保温材料，对加入的其他轻质保温材料不做燃烧性能要求。

10.4 板的生产工艺选择

10.4.1 不同工艺的优缺点对比

生产钢框架发泡水泥复合板，现在采用的工艺有化学发泡与物理发泡两种。两种工艺各有优缺点。

1. 化学发泡的优点与缺点

（1）优点

① 相同的水泥与配料，化学发泡的强度略高于物理发泡。

② 化学发泡的泡孔圆，闭孔率高，外观效果优于物理发泡。

③ 化学发泡不需发泡机，没有预制泡沫工序，工艺更简单。

④ 化学发泡浆体的流动性好于物理发泡，可以自流平，便于操作。

（2）缺点

① 易产生面包头，切除后成为废料，损失3%～5%。

② 浇筑后不能刮平。

③ 发泡后的料浆稳定性不如物理发泡，更易塌模，工艺难度较大。

④ 对环境温度较敏感，不同的温度产生不同的产品密度，密度难控制。

2. 物理发泡的优点与缺点

（1）优点

① 浇筑后料浆稳定性优于化学发泡，工艺更稳定。

② 浇筑后可以刮平，不会产生面包头，没有废料，也不需切割面包头。

③ 对环境温度不敏感，环境温度对密度影响小，密度好控制。

④ 发泡成本低于化学发泡。

（2）缺点

① 需使用发泡机，多了一道预制泡工艺。

② 气孔不圆，制品表面的气孔外观不如化学发泡好看。

③ 强度略低于化学发泡。

④ 浆体浇筑流动性较差，大多不能自流平，需配合人工摊料。

10.4.2 优选工艺

两种工艺相比较，本铁尾矿钢框架发泡水泥复合板的工艺，优选化学发泡。

优选化学发泡工艺的原因：

（1）便于浇筑自流平。这种板的幅面很大，每张幅面达6～10m^2，料浆自流平可省去大量的摊料工时。化学发泡料浆细，可以自流平，优势更突出。

（2）本工艺的主要原料为铁尾矿，而铁尾矿中的Fe_2O_3含量较高。

在物理发泡中，铁的意义不大，而在化学发泡中，铁是双氧水的催化剂，可省去外加催化剂，更能突出铁尾矿的优势。

（3）由于添加铁尾矿，板的强度会受到一定的影响，而化学发泡强度更好，可在一定程度上弥补外加铁尾矿的不足。

10.5 芯层发泡水泥配合比设计

10.5.1 配比的组分

板的芯层优选工艺为化学发泡。化学发泡的配比组成包括胶凝材料组分、掺和料组分、发泡稳泡组分、纤维及外加剂组分、水共五部分。配比中各物料的组成见图 10-2。

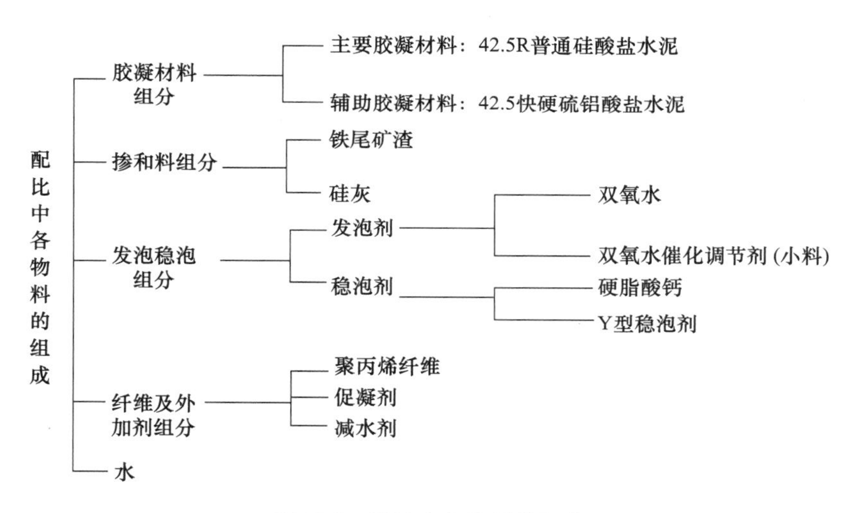

图 10-2 配比中各物料的组成

10.5.2 配比影响因素

1. 胶凝材料配比量的影响

胶凝材料主要指水泥。水泥对配比的影响主要是产品芯层的强度、凝结速度及稳泡性、料浆的黏聚性等。

（1）水泥对强度的影响

本板芯层的强度来源主要是水泥。水泥用量越大，产品芯层的强度就越高。综合强度与成本来考虑，合适的水泥配比量应为固体物料的 50% ~60%。

（2）水泥对凝结硬化速度及稳泡性的影响

水泥的用量影响料浆的凝结硬化速度。水泥用量越大，凝结硬化速度越快。其中，快凝硫铝酸盐水泥促凝作用很大，当其加入硅酸盐水泥量的10%时，硅酸盐水泥的凝结时间缩短一半。当其加入硅酸盐水泥量的5%时，硅酸盐水泥的凝结时间缩短近1/3。所以，采用普通硅酸盐水泥与快硬硫铝酸盐水泥复合使用，可大大提高料浆的硬化时间。

（3）水泥对发泡稳定性的影响

水泥的品种及用量对发泡稳定性的影响非常大。若大量加入铁尾矿，料浆凝结较慢，水化产物不能较快地固定气泡，容易造成塌模。水泥的合适加量及水泥品种的搭配，可以调整到发泡速度与料浆稠化稳泡速度相一致，避免塌模。若单掺普通硅酸盐水泥，且水泥用量低于60%，料浆凝结稠化速度慢于发泡速度，不能满足稳泡要求，与发泡速度不一致，就会造成塌模。若水泥总用量仍控制为60%，而其中配比一定量的快硬硫铝酸盐水泥（约占水泥总配比量的10%），料浆的凝结稠化速度就会满足稳泡要求，与发泡速度相一致，不会造成塌模。

2. 铁尾矿粉配比量的影响

铁尾矿粉是作为水泥掺和料配比的。它对料浆及制品性能的影响主要表现在如下两个方面：

（1）微集料增强效应及对强度的影响

铁尾矿粉的粒径很小，其中相当一部分为微米级微粒。这些微细颗粒在料浆中虽不参与水泥的水化，但是它们可以作为微集料填充水化产物之间的空隙，使水化产物硬化体更加密实，对硬化体起到加固作用，因此可以提高强度。但微集料效应只体现在铁尾矿掺量较低（低于30%）时，若掺量过大（大于30%），则配比量越大，强度越低。当其掺量达35%时，对强度的不良影响还不明显；若掺量达40%～50%时，其制品强度有所降低，但仍不影响使用功能。试验表明，掺量达到50%是铁尾矿在配比中的理想配比量。

（2）催化效应及对发泡的影响

双氧水在纯净状态下不会分解发泡，金属及其化合物可以促使其分解，使其产生氧气而发泡。通常，铁粉或 Fe_2O_3 粉、Fe_3O_4 粉等是双氧水常用的催化剂。而铁尾矿粉含有 Fe_2O_3，所以，铁尾矿具有对双氧水的催化作用，促进其发泡。铁尾矿中 Fe_2O_3 含量越高，铁尾矿配比量越大，双氧水发泡就越快，发泡量就越大。但如果铁尾矿中 Fe_2O_3 的含量过大，双氧水发泡就会过快过猛，使发泡失去控制，不能与水泥的水化速度相一致，使所产生的气泡破灭。根据平时的经验，双氧水催化所需的 Fe_2O_3 只需双氧水量的 40% ~50% 。现有铁矿粉的 Fe_2O_3，若按铁尾矿 30% ~50% 配比，均会超标。所以，本配比还加入双氧水催化调节剂，抑制 Fe_2O_3 的催化作用。调节剂的配比量可根据铁尾矿的 Fe_2O_3 的含量及配比量来确定。

3. 双氧水配比量的影响

双氧水作为发泡剂，其配比量主要影响产品的密度。双氧水的配比量越大，发泡水泥的密度越小。根据产品的设计密度来确定双氧水的配比量是常用的配比方法。本产品芯层设计密度为 250 ~ 300kg/m³，双氧水的配比量在 5% ~6% 之间。

4. 稳泡剂配比量的影响

稳泡剂硬脂酸钙主要影响芯层发泡水泥的吸水率以及气泡的稳定性。硬脂酸钙是一种憎水物质，当它吸附于气泡膜后，对气泡膜进行了加固而稳泡，并使气泡壁硬化后具有憎水性从而降低吸水率。硬脂酸钙加量越大，制品憎水效果越好。但从稳泡角度考虑，其最佳配比量应为 2% ~4% ，再加大配比量，降低产品强度，反而使泡沫稳定性下降。

Y 型稳泡剂，主要影响芯层发泡水泥硬化体的闭孔率及气泡的圆度、气孔分布的均匀度。Y 型稳泡剂加量低于 0.3% ，稳泡效果不突出，但其加量高于 1% ，反而对气孔质量产生负面影响，降低了闭孔率和圆度。经试验，Y 型稳泡剂的最佳配比量在 0.4% ~1.0% 之间。在这一配比区间，气泡最稳定，闭孔率最高（可达 95% ），且圆度最好。

5. 促凝剂配比量的影响

促凝剂对芯层发泡水泥的影响包括两方面：一方面是它缩短了水泥的初凝时间和终凝时间，加快了水泥的硬化，其加量越大，水泥水化反应进行得越快，凝结时间越短；另一方面，它有利于气泡的稳定。双氧水发泡之后，气泡的稳定不仅取决于气泡膜的坚韧性，而且取决于料浆的凝结时间。在相同稳泡剂加量的情况下，促凝剂加量越大，发泡越稳定，越不容易塌模。促凝剂与快硬硫铝酸盐水泥形成二元促凝。硫铝酸盐水泥配比量控制在 10% 时，促凝剂的合适配比量为 2% ~3% 。

6. 聚丙烯纤维配比量的影响

聚丙烯纤维的影响包括三个方面：一是提高硬化体的韧性；二是降

低硬化体的收缩值，防止板面产生裂纹；三是提高发泡水泥芯材的强度，在0.2%～2.0%的配比范围内，其配比量越大，增韧抗裂及增强的效果越好。考虑到使用成本及产品性能，纤维的合适配比量为0.5%～1.0%。

7. 减水剂配比量的影响

减水剂对配比的影响有工艺方面的影响及产品性能方面的影响。工艺方面，减水剂的配比量主要影响料浆搅拌时间及泵送性。减水剂配比量越大，料浆的搅拌时间越短，料浆均匀性越好，流动度越好，也更容易泵送浇筑。产品性能方面，减水剂由于减少了配比水量的20%～25%，所以可以提高产品发泡水泥芯层的强度达15%左右。

根据生产实践经验，化学发泡时，密胺高效减水剂的合适配比量为0.5%～1.0%。

8. 水的配比量影响

水的配比量影响较大，其影响主要表现在以下三方面：

（1）水的配比量影响料浆的稠度及浇筑性能

水的配比量合适，料浆稀稠合适，搅拌性能及浇筑流动性均较好。如水的配比不足，料浆搅拌不均匀，浇筑性能差，不能自流平。

（2）水的配比量影响双氧水的发泡效果

双氧水发泡对料浆稠度有较高的要求。配比水量过多，料浆过稀、稠度差、水化慢，产生的气泡不能及时稳定，会形成塌模；配比水量过少，料浆过稠、发泡阻力大、泡发不起来，影响发泡量。

（3）水的配比量影响强度

配比水量过多，则使水泥料浆的碱含量降低，水泥水化受到影响，降低产品强度和料浆凝结速度；配比水量过少，水泥料浆过稠，水泥在水化时缺水，水化不充分，也降低产品强度。

本工艺化学发泡要求料浆略稀一些，以保证顺利起泡。因此，它的合适配比量在55%～60%之间，优选55%。

10.6 生产工艺过程

本产品的生产工艺过程包括如下三种工艺。

10.6.1 原材料预处理及配料工艺

1. 铁尾矿粉预处理

将尾矿库中的铁尾矿挖出烘干至含水量小于2%，然后过0.08mm

方孔筛，控制筛余量小于4%，然后与激发剂共同粉磨至比表面积$450m^2/kg$，成为复合铁尾矿。

2. 计量配料

将各固体物料用失重电子秤自动称重，按配比量准确计量后加入输送机，送入斗式提升机。计量误差要求：铁尾矿、水泥±1%，其他物料0.1%。其中，聚丙烯纤维采用风力输送直接送入搅拌机。

各液体物料包括水、Y型液体稳泡剂、双氧水等，用计量泵计量控制加量。水的误差±1%，双氧水及Y型液体稳泡剂±1%。计量泵可以直接将液体物料送入搅拌机。

10.6.2 搅拌制浆及发泡工艺

1. 搅拌制浆及发泡

先将水加入一级双卧轴搅拌机，然后加入Y型液体稳泡剂、减水剂、促进剂等外加剂，搅拌溶解。随之加入聚丙烯纤维并将其分散到水里。控制搅拌机转速为30r/min，搅拌时间为30s。

将各固体物料用斗式提升机送入搅拌机上方的给料斗，经给料机匀速送入搅拌机。边加料边搅拌，直至成为均匀的浆体，搅拌时间为2min。

2. 发泡

将一级搅拌机制好的浆体，通过高低位差直接卸入二级立式搅拌机，控制转速在900～1400r/min之间。在搅拌状态下加入双氧水发泡剂。加入双氧水后，由于双氧水分解发气速度极快，7～15s即可发气50%以上，所以搅拌时间应不超过15s，要边搅拌边放料。如搅拌时间超过15s，料浆发泡后体积增大一倍以上，就会超过搅拌机的体积而溢出。

料浆发泡过快，来不及操作，可采取如下措施控制发泡速度：

（1）控制水温。搅拌用水温度越高，发泡越快，所以水温不可超过25℃。

（2）控制促凝剂加量。促凝剂均为盐碱物质，可加速双氧水分解，所以要严格控制其加量。

（3）适当增加快硬硫铝酸盐水泥配比量。快硬硫铝酸盐水泥碱度低，起泡慢于硅酸盐类水泥。多用快硬硫铝酸盐水泥，可延缓起泡速度。

10.6.3 钢框架制作及浇筑成型工艺

（1）在钢结构加工车间，预先焊接好钢框架，并将钢筋桁架及上下面层钢网一并焊接到钢框架上，形成一个完整的钢骨架。钢骨架材料规格如下：钢框 U 型钢，厚度为 2.5 ~ 3.0mm；钢筋桁架用钢筋直径为 6mm；上下面层增强钢网所用网筋直径为 0.5mm，网格尺寸为 200mm × 200mm。钢筋桁架横向焊接于钢框上，桁架间距为 1000mm。

（2）钢框架在台座上的固定。焊接预制好的钢框架运至浇筑成型车间，安装放置在成型水泥台座上。水泥台座的长宽尺寸应大于钢框架 200mm。水泥台座的台面应达到高平整度，其对角线误差不大于 3mm，其平整度各点位误差不大于 1mm。台座表面在安装放置钢框架前 30min 涂刷两遍脱模剂。

（3）钢框架复合板下表面层的制作。在安装放置钢框架前，应制作复合板的下表面层。制作方法是先在台面上铺放一层玻璃纤维网格布（抗碱涂塑型），然后在玻璃网格布上用砂浆喷射机喷涂一层 3mm 厚 1∶3水泥砂浆。砂浆内可加入水泥量 1% 的聚合物胶粉，以增强面层的韧性及抗裂性。表面层的制作可提前 1h，以保证其 2h 后初凝，不至于影响下道工序发泡水泥浆的浇筑。

（4）发泡水泥浆的浇筑。待下表面的面层砂浆初凝后，可以用浇筑泵抽取发泡水泥浆，向钢框架中浇筑。浇筑的发泡水泥浆体应具有自流平性，一般不需要摊铺。浆体的浇筑厚度以低于钢框架一定高度为准，要预先通过试验确定料浆浇筑高度，以保证其发泡后高出框架 20mm 以上。

（5）静停发泡凝结。发泡水泥浆浇筑成型后，可以自然温度发泡和凝结。为保证终凝时间不多于 5h，车间可在气温较低时升温。

（6）切割面包头。料浆发泡结束并终凝后，用钢丝将面包头切去，切去后的硬化体应与边框平齐。切好后清除切割的残渣。

（7）钢框架复合板上表面层的制作。待发泡水泥浆体终凝并切去面包头后，在浆体表面用砂浆喷射机喷涂一层 3mm 厚的水泥砂浆，并人工抹平或机械刮平，然后在砂浆表面铺设一层涂塑玻纤网，并再次将砂浆压抹，使浆体渗透进玻璃纤维网格布，形成平整光洁的上表面。砂浆初凝后，还需人工打磨一次，使砂浆面层更加平整。砂浆配比与下表面相同。

（8）下表面层的制作。待上表面层硬化后，用起吊机将板材起吊并翻面，使其上表面朝上，放在台座上。然后依照上表面的制作方法制作其下表面。

（9）后期养护。待复合板芯层硬化后，将其用起重机吊装机械从台座上吊起，送至后期养护室，保持温度在20℃以上，恒湿80%，再继续养护到28d，让其继续增加强度。

（10）成品板检验出厂。

11 污泥陶粒泡沫混凝土砌块

11.1 概述

11.1.1 污泥陶粒泡沫混凝土砌块简介

1. 产品定义

污泥陶粒泡沫混凝土砌块是以污泥及粉煤灰为主要原料，烧制成陶粒，再以陶粒为集料，以泡沫混凝土为胶结料，制成陶粒泡沫混凝土浆体，经浇筑成型，蒸养后切割而成的轻质墙体材料。该砌块既可以用于隔墙，又可以用于外墙及环境清水装饰墙。

2. 产品技术特征

污泥陶粒泡沫混凝土砌块具有以下技术特征：

（1）轻质性。由于采用轻质陶粒加泡沫混凝土，所以砌块密度低，与加气混凝土砌块的密度相当，为 650 ~ 850kg/m^3。

（2）高耐候性。由于本砌块以烧胀陶粒为集料，且陶粒占砌块体积的 70% 左右，经高温焙烧的陶粒具有高耐候性，所以砌块具有耐候性，可用于外墙，耐候性不少于 50 年。

（3）高保温隔热性。本砌块由于质轻且内部微孔多，所以具有良好保温隔热性，其导热系数为 0.10 ~ 0.15W/(m · K)，略优于加气混凝土砌块。

（4）绿色性。本砌块的主要原材料为污泥及粉煤灰，废弃页岩粉或废土，利废率高达 80% 以上，属于高利废产品，绿色环保性突出。

3. 发展现状

本产品是为适应污泥利用而专门研发的产品。其最早出现于 21 世纪之初，近年来开始在浙江、江苏、山东、福建、广东等沿海地区规模化生产，并逐渐向中西部扩展。目前，全国大部分地区已有生产，东部地区占主导，中部地区次之，西部地区刚起步。国内生产企业有 200 多家，年产10万m^3以上的规模较大的企业有30多家。

目前，这一技术已经成熟，包括工艺、设备、产品应用等，均已形成完整的技术体系，相关技术标准也在完善，产品处于推广普及期。也可以说，本产品是固废资源化利用成功的产品之一。

11.1.2 污泥陶粒泡沫混凝土砌块利废优势

在各种固废利用项目中，污泥陶粒泡沫混凝土砌块的利废优势最大。

（1）污泥里含有大量的有害细菌，非常难以处理，但本工艺在焙烧陶粒的过程中，经1100℃高温，所有有害细菌完全被烧为灰烬。

（2）处理污泥里的重金属是污泥处理的一大难题，然而本工艺可以轻易解决。因为污泥烧成陶粒后，可以将各种重金属封固在陶粒中，很难再溶出。这也是其他处理方法难以实现的。

（3）污泥里含有大量的有机物，如常温利用，以水泥固化，有机物妨碍水泥凝结，使生产十分困难。本工艺却可以将有机质化害为利，将其作为可燃成分，取代一部分燃料，降低能耗和生产成本。这一点，常温处理污泥是做不到的。

（4）污泥、粉煤灰及其他固废可以一并利用，综合处理，利废率可达80%以上，其他利用方法也很难达到。同时粉煤灰可利用两次，一次用于陶粒配料，另一次作为泡沫混凝土掺和料，还可以添加石材废料页岩粉、废土等。拥有如此高的利废率，是其他固废利用工艺无法达到的。

（5）产品受市场欢迎，销路广。从目前各企业的经营状况看，污泥陶粒泡沫混凝土砌块质量高，可实现外墙自保温，经济性好，销售较好。

（6）经济效益较好。由于污泥利用国家经济补贴高（1t补贴200~350元），再加上能耗低（污泥可以取代部分燃料），产品价格较高，所以生产企业的经济效益较好。

11.1.3 污泥陶粒泡沫混凝土砌块技术体系组成

污泥陶粒泡沫混凝土砌块的生产与应用，包含以下三个方面的技术内容。

1. 陶粒生产技术体系

本体系包括陶粒原材料预处理、陶粒的配料与制造、陶粒坯体的烘干、陶粒烧成、陶粒筛分与降温、陶粒成套设备的选型、陶粒生产过程的废烟气处理等。

2. 陶粒泡沫混凝土砌块生产技术体系

本体系包括陶粒的预湿处理，泡沫混凝土砌块的配合比设计、配料与计量、陶粒泡沫混凝土砌块料浆的制备、浇筑成型、蒸养、切割、后期养护、成套专用设备的开发和选型，以及切割粉尘的处理等。

3. 陶粒泡沫混凝土砌块应用技术体系

本体系包括陶粒砌块的预湿处理、专用砂浆的配制、砌筑工艺及墙面封闭处理、粉刷砂浆配制与粉刷等。

以上三个体系相互联系，不可分割。其中，工艺难度及投资力度较大的是污泥陶粒的生产技术体系，应予重点考虑。

11.2　污泥陶粒原料

11.2.1　陶粒简介

富含 SiO_2、Al_2O_3 等成分的原材料，经造粒后高温烧结或烧胀而成的陶质轻质颗粒，简称陶粒。

陶粒最早产生于 1913 年，由美国人海德以页岩为原料焙烧而成，1916 年获得专利，1920 年开始规模化应用于建筑工程，作为轻集料用于混凝土。其后，陶粒开始在世界范围内推广应用，应用领域也由建筑轻集料扩展到滤料、吸声材料、无土栽培基质等。但作为混凝土轻集料，仍是其最主要的用途，约占总用量的 90%。我国 20 世纪 60 年代自国外引入陶粒生产技术，经几十年的发展，已经成为世界上陶粒生产大国。其中，免烧陶粒是我国的独创，但实际应用不多，烧结烧胀陶粒仍占主导。

烧结或烧胀陶粒的主要特点是它的内部具有大量细密蜂窝状微孔，所以具有轻质性。堆积密度：烧结型为 600 ~ 1000kg/m^3，烧胀型为 200 ~ 400kg/m^3。正是它的这一特点使它得以取代重质碎石集料，降低混凝土的密度。

陶粒按强度分为高强陶粒、普通陶粒；按密度分为一般密度陶粒（堆积密度大于 500kg/m^3）、超轻陶粒（堆积密度小于 500kg/m^3）、特超轻陶粒（堆积密度小于 300kg/m^3）；按生产原材料分为黏土陶粒、页岩陶粒、粉煤灰陶粒、污泥陶粒、尾矿陶粒等。陶粒目前的发展趋势为黏土及页岩原料陶粒在减少，固废陶粒迅速增加，其中，污泥陶粒发展最快，也最有发展前景。我国的焙烧陶粒约55%用于现浇混凝土，35%用于陶粒制品（砌块、墙板、文化石等），10%用于涂料、基质及其他应用。

我国颁布的陶粒相关标准《轻集料及其试验方法 第1部分：轻集料》（GB/T 17431.1—2010）》和《轻集料及其试验方法 第2部分：轻集料试验方法》（GB/T 17431.2—2010），对指导陶粒生产发挥了重大作用。

11.2.2 烧胀陶粒原料

焙烧陶粒按生产工艺分为烧结型与烧胀型两种。烧结型陶粒在生产过程中坯体不具有膨胀性，所以密度较大，强度高，孔隙较少，其内部少量气孔是在烧结时由产生的少量气体和水分蒸发所形成的。而烧胀陶粒则是在生产过程中膨胀为原先的1.5~4倍，所以体积密度较低，堆积密度小于500kg/m^3。它的内部孔隙更多，且多是闭孔。其孔隙多是外加发泡剂或材料本身含有的发气成分产生气体，气体被液相包围所形成的。

从目前的应用来看，烧结陶粒多用于现浇结构混凝土，而烧胀陶粒多用于轻质保温制品如陶粒砌块、陶粒隔墙板、陶粒文化石等。所以，本节主要介绍烧胀污泥陶粒技术原理。

污泥陶粒的形成，主要依靠两大物质：硅铝质为主体材料及发气材料。

1. 硅铝质体系作用原理

烧胀陶粒的主体原料是黏土质材料，如黏土、粉煤灰、页岩粉、矿渣粉等。这些原材料的主要化学成分是SiO_2和Al_2O_3。其中以硅为主，以铝为辅，硅的含量范围应为53%~79%，铝的含量范围应为12%~26%。这些物质在陶粒焙烧下形成玻璃质熔体。这些熔体在冷却时产生强度并形成陶粒体质，而在熔融状态下成为液相，包围发泡剂产生的气体，冷却后形成陶粒的气孔。

2. 发气成分作用原理

发气成分即一些在高温下可分解产生气体的物质，如碳酸钙、硫化物、氧化铁、碳酸镁等。这些物质在常温下稳定，但在焙烧陶粒的高温下均可分解而发气。其分解发气反应示例如下：

（1）碳酸钙的分解发气

$$CaCO_3 \xrightarrow{850\sim900℃} CaO + CO_2\uparrow \tag{11-1}$$

（2）氧化铁的分解发气

$$Fe_2O_3 + C \xrightarrow{1000℃} Fe_2O + CO_2 \uparrow \tag{11-2}$$

（3）硫化物的分解发气

$$FeS_2 \xrightarrow{900℃} FeS + S \uparrow \tag{11-3}$$

$$S + O_2 = SO_2 \uparrow \tag{11-4}$$

（4）碳酸镁的分解发气

$$MgCO_3 \xrightarrow{400 \sim 500℃} MgO + CO_2 \uparrow \tag{11-5}$$

这些物质分解反应产生的气体被硅铝熔融液相包围，不能从液相中逸出，从而在冷却后形成气孔。能否形成气孔，取决于陶粒在烧胀过程中，气体的强烈逸出与液相对其的反逸出的动态平衡。只有逸出与反逸出达到平衡，气孔才能形成。若逸出力过强，发气过于剧烈，气体向外扩散，无法形成气孔。反之，若液相反逸出力过强，液相黏度过大，逸出的气体膨胀不起来，陶粒不能烧胀，气孔也是无法形成的。所以，硅铝液相与气体的动态平衡是陶粒能否烧胀的基本原理。

11.3　烧胀陶粒的基本原理及其技术要求

由于烧结陶粒的密度大于600kg/m^3，所以生产的陶粒泡沫混凝土砌块密度过大（800～1000kg/m^3）。本污泥陶粒将以生产烧胀型为主，不生产烧结型。下面各节的讨论均以污泥烧胀陶粒为基础。

下面介绍污泥烧胀陶粒的主要原料。

11.3.1　硅铝质原料

1. 主要作用

硅铝质原料的主要特点是富含 SiO_2 和 Al_2O_3。它们在烧胀型陶粒生产中的主要作用有两个：一是形成陶粒的体质；二是在高温下熔融成玻璃质液相，包围气体，使之在熔体冷却后形成陶粒的气孔。

硅铝质原料是陶粒生产的主体物料，最为重要。

2. 主要品种

污泥陶粒生产中可选择的硅铝质原料品种如下：

（1）废黏土。包括工程废土，河道清淤产生的淤泥、海泥等。

（2）废页岩粉。主要是蘑菇石及其他以页岩为原料加工石材产生的弃粉。

（3）陶瓷粉。主要是陶瓷磨边、抛光、切割等过程中产生的弃粉。

（4）尾矿粉。如铁尾矿粉、金尾矿粉、铜尾矿粉等，其中，铁尾矿粉为最佳。

（5）粉煤灰、矿渣粉等。

本工艺选用的硅铝质原料为粉煤灰。

3. 技术要求

（1）细度好。0.08mm 方孔筛筛余量应小于 10%。细度越好，越易造粒。

（2）有一定的黏聚性。黏聚性好则造粒效果好。

（3）SiO_2 含量应在 50% ~80% 之间，Al_2O_3 含量应在 12% ~26% 之间。

（4）如含有发泡成分更为优选（如铁尾矿含有发气成分 Fe_2O_3）。

11.3.2 发气材料

1. 主要作用

发气成分的主要作用是在高温下分解产生气体，为陶粒形成气孔创造条件。

2. 主要品种

可供选用的发气材料有以下几种：

（1）碳酸盐，包括碳酸钙和碳酸镁等。

（2）金属氧化物，如 Fe_2O_3、Fe_3O_4 等。

（3）硫化物，如硫化铁等。

（4）碳类，如石墨等。

3. 技术要求

（1）细度好。要求 0.08mm 方孔筛筛余量小于 5%。

（2）具有足够的发气量。

（3）具有较合适的分解温度。其分解温度应为 600 ~1000℃，不应大于 1000℃。

（4）分解后不产生有害污染。

（5）价格低廉，使用成本低。

11.3.3 助熔剂

1. 主要作用

由于硅铝成分的熔点都较高，形成液相消耗能量较大。为降低硅铝成分的熔融温度就需要一定量的助熔剂。助熔剂可以将硅铝的熔融温度降到合适的温度区间，保证陶粒的顺利烧成。

许多黏土类硅铝原材料如黏土、页岩、粉煤灰、尾矿粉等，大多含有一定量的助熔剂成分如 K_2O、Na_2O 等。但是，它们的这些成分含量都较低，还不能达到配料要求。所以，助熔剂一般仍需补充一定的量。

2. 主要品种

助熔剂大多数都是氧化物，如 CaO、MgO、Fe_2O_3、K_2O、Na_2O、MnO 等。

3. 技术要求

（1）细度好。要求 0.08mm 方孔筛筛余量应不大于 8%。

（2）可以在加量适当时，将黏土类硅铝质类材料的熔融温度控制在 900～1100℃。

（3）与硅铝质原材料里的助熔成分有协同作用。

（4）用量较小。

11.3.4 燃料成分

陶粒的烧成需要消耗大量的燃料。目前所用的燃料有以下几种：

（1）石化燃料。目前常用的有无烟煤、汽油等燃油、天然气等。

（2）生物质燃料。目前实际应用的主要是稻壳、葵花籽壳、核桃壳等。

对燃料的技术要如下：

（1）热值高，用量小。

（2）没有污染，不存在环境污染问题。

（3）经济性好，使用成本低。

11.3.5 污泥

1. 污泥的作用

污泥的作用有两个：一是作为硅铝质体质成分，二是作为燃料成分。污泥含有50%～60%的有机质。这些有机质均可燃，可以取代部分燃料。由于污泥里还含有40%～45%的无机质，无机质的主要化学成分是SiO_2和Al_2O_3，可以补充硅铝成分。污泥的干基加量仅15%左右，它所带入的有机质助燃作用及无机质补充硅铝作用均不是太强。

2. 污泥的种类

污泥的种类非常多，有工业污泥、生活污泥、河底污泥、爆气污泥等。各种污泥的成分相差很大。作为生产陶粒的原料，污泥很难保证单一来源，所以建议选用混合污泥。这样，其成分具有均衡性和代表性。

3. 污泥的技术要求

含水量应不大于85%，并经过机械脱水。

11.4　陶粒设计

11.4.1　形态设计

（1）粒径6～20mm，其中8～12mm应占70%以上。

（2）堆积密度小于500kg/m^3。

（3）粉灰含量不大于3%。

（4）级配符合《轻集料及其试验方法 第1部分：轻集料》（GB/T 17431.1—2010）规定要求。

11.4.2　性能设计

（1）筒压强度：≥1.5MPa。

（2）吸水率（1h）：不大于20%。

（3）粒型系数：≤2.0。

（4）氯化物（以氯离子含量计）：≤0.02%。

（5）烧失量：≤5.0%。

（6）放射性核素：符合《建筑材料放射性核素限量》（GB 6566—2010）规定。

（7）煮沸质量损失率：≤5.0%。

11.5 陶粒生产配合比

11.5.1 各物料的配比量

1. 硅铝为主成分的配比量

硅的配比量应为50% ~80%，铝的配比量应为12% ~16%。

不足部分，应加入相应的矫正材料弥补。

硅铝成分的来源主要为黏土、页岩、粉煤灰、尾矿粉等，可用1 ~3种搭配使用。建议以粉煤灰为主，配以页岩粉。若无废页岩粉，就用粉煤灰。粉煤灰或页岩的质量配比，应以 SiO_2 和 Al_2O_3 的含量计算。

2. 污泥的配比量

湿污泥的配比量为60% ~70%，干污泥的配比量为30% ~40%。

由于污泥的含水量不一致，为了配比精确，建议以干污泥的配比为准。污泥的配比量过小，则利用率太低，经济效益不明显。污泥的配比量过大，则陶粒的强度差，膨胀性不好。

建议合理的污泥配比以干基计35%为宜。

3. 发气剂的配比量

发气剂的配比量一般为2% ~5%。

由于发气剂种类很多，其发气性能有很大的不同，所以不同发气剂配比量有较大的差异。本工艺选择自行配置的HT-A型发气剂。它具有用量少、发气量大的特点。利用这种发气剂，其常用的配比量为2%。

11.5.2 配合比示例

1. 以页岩粉为硅铝成分的配合比

页岩粉（100目）：60% ~70%。

干基污泥：30% ~35%。

粘接助熔剂：0% ~10%。

发气剂：2%。

其他成分：2%。

2. 以黏土（100 目）为硅铝成分的配合比

黏土粉（100 目）：50% ~65%。
干基污泥：35% ~40%。
粘接助熔剂：0% ~10%。
发气剂：2%。
其他成分：2%。

3. 以粉煤灰（二级灰）为硅铝成分的配合比

粉煤灰（二级）：45% ~55%。
黏土（100 目）：10% ~15%。
干基污泥：30% ~35%。
粘接剂兼助熔剂：0% ~10%。
发气剂：2%。
其他成分：2%。

11.6 陶粒生产工艺

在不同的硅铝固废原料中，污泥陶粒的生产工艺有一定的差别。为了强调固废利用，这里以粉煤灰硅铝固废原料为例，对污泥陶粒的生产工艺进行简单介绍。

11.6.1 原材料处理工艺

1. 污泥处理

污泥进场后，由运输车在全密闭条件下，将污泥卸入污泥专用双螺旋输送机的进料口，同时，除臭剂也由微量输送机加入螺旋输送机。污泥和除臭剂在输送过程中，由输送机的叶片搅拌混合均匀，送入污泥储料仓。

2. 黏土预处理

黏土进场后堆在通风好的料棚里，蒸发部分水分后，送入烘干机。烘干至含水量小于5%，然后送入对辊机粉碎至粒度小于1mm。粉碎后送入黏土料库。

3. 预混合和陈化

粉煤灰由储料仓下的刚性叶轮给料机卸出，经皮带秤计量后，送入双轴搅拌机。同时，污泥、黏土、增黏剂、发气剂等成分，也由各自的储料仓底的电子秤计量后，送入双轴搅拌机。搅拌均匀的物料由搅拌机的另一端送出，经转运车送入堆场，陈化堆存15～20d。陈化期间，物料应保持水分，不能让大风吹干或晒干。

物料的预混合和陈化应有防臭措施，最好让物料在密闭空间内进行。

11.6.2 造粒与整形

1. 二次搅拌

陈化好的预混料由转运车从陈化场送至陶粒的造粒车间，经铲车加入双轴搅拌机，将陈化结团打散，并二次混合搅拌。在搅拌过程中应严格控制物料含水量为12%～13%。如果物料过干，可加水增湿。

2. 对辊造粒

二次搅拌后的物料，经皮带输送机，送入对辊挤压造粒机造粒。由于物料具有一定的含水量，所以不宜选用圆盘造粒机和挤出造粒机。

3. 整形筛分

造粒成型后的陶粒坯体，由皮带输送机送入整形筛分机，进行整形和筛分。筛分后，小颗粒被剔除，大颗粒被送回二次搅拌机，打散后重新造粒，粒度合格的陶粒坯体则送去焙烧。

11.6.3 焙烧工艺

焙烧工艺分为两个工艺阶段，即预热工艺和焙烧工艺。两个工艺阶段可在一个回转窑内完成。为了在一个回转窑内完成两个工艺阶段，就不能采用普通的单筒回转窑，而必须采用插接式双筒回转窑。这种回转窑一窑两体，由两个窑体通过密封式插接，形成完整的窑体，两个窑体由两个动力系统驱动，可形成不同的转速。预热段窑体转速慢，以保证足够的预热时间，而焙烧段窑体则转速快，以保证高温快速烧成，燃料可选用燃气、燃油、煤粉。由于煤粉有烟气污染，建议选用天然气，也可以考虑燃油。燃料由焙烧窑的窑头喷入，在焙烧段燃烧形成高温区，焙烧后的余热进入预热段，用于坯体的预热。预热后的残余热量再由热耐高温循环风机抽取，送回焙烧段重新利用以节约燃料。部分尾气由窑尾排出，经烟气处理装置净化至合格，排入大气。

焙烧工艺的关键是温度控制。其预热段的温度控制范围为400～700℃，焙烧段的温度控制范围为800～1250℃。

预热段温度控制与坯体的含水量有关，含水量越大，则预热温度越高。

焙烧段温度控制与所采用的原料品种助熔剂加量有关。尤其是硅铝质原料中的铝含量。铝含量越高，则烧成温度越高。一般的粉煤灰污泥陶粒的烧成温度为1100～1250℃。

具体的适合焙烧温度，应采用试验电炉，经适配试验确定。

图11-1为污泥粉煤灰陶粒双筒回转窑。

图11-1 污泥粉煤灰陶粒双筒回转窑

11.6.4 冷却与筛分工艺

冷却与筛分工艺是污泥陶粒最后的两道生产工艺，筛分后的陶粒就是陶粒成品。

1. 冷却工艺

冷却工艺是陶粒生产的后处理工艺。

从焙烧窑卸出来的陶粒温度高达1000℃以上。如此高的温度，是不能用于筛分和储存的，必须经过一个冷却过程，使其温度降到200℃以下。

冷却工艺的核心设备是冷却机。冷却机的种类非常多，结构和原理各不相同，其性能的优劣区别主要在于冷却效率、性价比。国内市场上销售的冷却机有单筒型、遥运型、篦式型、竖式等多种。篦式型属于快冷型，降温较快，不利于陶粒强度，不宜选用。竖式冷却机占地面积小，冷却效率高（约25min），先快冷后慢冷，有利于陶粒强度的保持，出料温度低（仅高于室温50℃），余热利用率高（排出的热风温度为

300～400℃），可用于原料烘干和入窑做一、二次热风，可优先选用。

2. 筛分

从冷却机出来的陶粒，可进入筛分机进行筛分。所谓筛分，即是将陶粒按粒度的不同大小进行分类。筛分不可选用振动筛，它不能分类。一般筛分工段多选用回转筛。它可以连续操作，并可以进行大小粒度的分类。

分类后的陶粒已经是陶粒成品，可送入储存库按不同大小分别储存备用。

11.7 泡沫混凝土陶粒砌块加工工艺

11.7.1 主要原料

1. 粘接、强度组分

（1）水泥为42.5级普通硅酸盐水泥。

（2）二级粉煤灰或矿渣微粉，最好使用HT-1型复合活性掺和料。

2. 集料组分

（1）污泥陶粒（5～10mm粒径）。

（2）闭孔珍珠岩（0.5～1.0mm）。

3. 外加剂组分

（1）粉煤灰活性激发剂。采用NY-2型时需要加入粉煤灰活性激发剂。若采用HT-1型复合活性掺和料，则不需加入，因为掺和料中已加入激发剂。

（2）稳泡剂采用华泰公司研发的WP-A型。

（3）发泡剂采用华泰公司研发生产的复合发泡剂。

11.7.2 配合比设计

1. 各组分材料的配合比设计

（1）粘接、强度组分材料配合比设计（质量比）

水泥：配比量10%～15%。配比量大则砌块成本高，配比量小则砌块强度不足。

掺和料：配比量20%～30%。

（2）集料组分配合比设计

陶粒按砌块体积比为50% ~60%。陶粒一般不按质量配比。因它体积大，所以生产中大多按体积计量配比。

闭孔珍珠岩主要用于调节砌块密度，当砌块密度不到500kg/m^{3}时，可配比闭孔珍珠岩0% ~5%（体积比）。

2. 外加剂组分配合比设计（质量比）

粉煤灰活性激发剂：如果采用普通二级粉煤灰，其活性激发剂的配比量一般为粉煤灰的2% ~3%。稳泡剂：如果选用华泰公司研发的WP-A型稳泡剂，则其常用配比量为水泥的0.01% ~0.03%。

3. 发泡剂的配比量设计

发泡剂的配比量通常不以发泡剂的质量比设计，而是多采用泡沫的体积比来设计。其配比量一般为砌块体积的20% ~30%，直接加入浆体。这一配比量已考虑到泡沫的损失率5%。

4. 水灰比设计

水灰比一般为0.45 ~0.6。

11.8 污泥陶粒砌块的生产设备

污泥陶粒砌块现有成套全自动大型生产线。此为华泰公司研发生产。该生产线以华泰原有的大型智能现浇成型装备为基础，完善扩展和改进。本生产线班产砌块200 ~500m^3，10人操作，自动化程度高，是国内设计水平较高的成套装备。

本成套装备由大小80多台设备组成。其主要设备分为物料储存计量系统、搅拌系统、模具与浇筑系统、切割系统和控制系统共五个部分。

1. 物料储存计量系统

本系统包括固体、液体原料的储料库（或罐），以及与之相配套的自动化计量系统。固体料包括陶粒、粉煤灰或其他掺和料、水泥、闭孔膨胀珍珠岩等的储料钢板筒库及库底配套电子秤、输送机等。液体料包括水、稳泡剂以及发泡剂的储料罐及罐上配备的计量泵。

2. 搅拌系统

本系统包括斗式固体物料上料机、除尘器、两级卧式双轴搅拌机、液体物料输送管道、发泡机等。

3. 模具与浇筑系统

模具体积 3 ~ 5m^3，钢制，由底板与模框组成。

浇筑系统主要为摆渡轨道及摆渡车。

养护系统主要为蒸养窑及蒸汽锅炉。

4. 切割系统

切割系统主要为大型金刚石圆盘切割机组。本机组由纵切机、横切机、平切机、除尘器组成，另外配套行车（起吊坯体）和自动脱模机。

切割系统应配备排污沟、污水池、污水处理系统。

5. 控制系统

控制系统包括 PLC（可编程逻辑控制器）总控台、各设备传感器、输送信号线缆。控制系统通过线缆与各台设备连为一体。

11.9 污泥陶粒砌块的生产工艺流程

1. 原料计量

各原料提前已由输送装置送入储料库或液体罐。生产时，首先启动自动配料系统，按照总控微机里存储的配合比，各原料计量电子秤（液体为计量泵），会按照规定量将各原料精确计量。配料计量为无人操作。

计量误差控制如下：

陶粒、水泥、掺和料：1%。

水：0.5%。

泡沫：0.3%。

外加剂：0.1%。

2. 原料输送

计量好的固体物料由输送机送入斗式提升机、搅拌机。计量好的液体物料由计量泵直接泵送至搅拌机。

3. 搅拌制浆工艺

搅拌分两级进行，一级搅拌机主要制作水泥浆，二级搅拌加入泡沫和陶粒集料制成陶粒水泥泡沫混凝土浆。这样安排有两大好处：一是缩短搅拌周期。若单台设备一级搅拌，搅拌时间不能短于5min，一般应为8～10min；两级搅拌则搅拌周期只需3min，大大提高产量。二是延长搅拌时间，一级搅拌3min，两级搅拌就是6min。搅拌时间越长，强度越高。

两级搅拌的搅拌制度如下：

一级搅拌：3min，其中上料1min，上料后搅拌2min。

二级搅拌：3min，其中上料2min，上料后搅拌1min。

搅拌的加料顺序如下：

一级搅拌：先加入搅拌水，再加入水泥、掺和料、激发剂。

二级搅拌：将一级搅拌制好的水泥浆卸入二级搅拌机，再加入预湿过的陶粒和闭孔珍珠岩，搅拌30s。最后加入稳泡剂和泡沫，搅拌30s。

4. 浇筑成型工艺

模箱经摆渡轨道，预先摆渡到二级搅拌机的正下方。打开放料阀，将制好的浆体浇筑到模箱里。一级搅拌机所制浆体的体积应与模箱体积相等。所以，一个搅拌正好浇筑满一个模箱。

模箱经摆渡轨道，由驱动装置送至蒸养窑，蒸养24h。

5. 切割工艺

养护好的模箱经摆渡轨道，送出养护窑，运行至脱模机下方。脱模机械手自动将模框卸掉。

移坯机械手抓起坯体，将其移送到切割生产线上。

牵引机将坯体送至平切机，切去坯体上表面，同时将坯体水平切割。

坯体沿切割生产线向前运动到纵切机，进行纵向切割。

坯体沿切割生产线向前运动到横切机，横切为成品。

传送装置将切割好的砌块送至堆场，码垛堆存。

自然堆存3～5d，进行后期养护。

自然干燥，包装，出厂。

11.10 陶粒砌块技术指标

参照《陶粒发泡混凝土砌块》（GB/T 36534—2018），本产品主要技术指标如下：

干密度：550～950kg/m^3。

抗压强度：2.5～7.5MPa。

干缩：≤0.5mm/m。

体积吸水率：≤25%。

软化系数：≥0.85。

碳化系数：≥0.85。

图11-2为污泥陶粒，图11-3为污泥陶粒砌块，图11-4为污泥陶粒砌块墙体。

图11-2　污泥陶粒

图11-3　污泥陶粒砌块

图11-4　污泥陶粒砌块墙体

12 工程案例

十多年来，泡沫混凝土行业全力推广固废泡沫混凝土的工程应用。其中，重点推进 HT 系列复合固废掺和料在泡沫混凝土领域的应用。该 HT 系列复合固废掺和料，克服了单一固废掺量小、成本高、效果差的三大不足，具有掺量大、成本低、效果好的综合优势。连年来，利用该 HT 系列复合固废掺和料，已施工泡沫混凝土工程 100 多项，工程总量逾 50 万 m^3，涵盖道路加宽、高铁路基、桥台跳车及桥台背回填、软基换填、房建等 10 多个工程领域。这里，仅介绍一部分典型工程案例，以供读者参阅。下述工程案例，复合固废掺量均在 40% ~70% 之间。

12.1 道路加宽工程案例

本工程典型案例为北京至唐山铁路引入唐山枢纽站前工程项目（图 12-1）。

工程概况：京唐正线引入唐山站部分桥梁及并行既有津山线铁路路基；津山下行线改建；京唐津秦下行联络线老庄子线路接轨处路基，京唐津秦上行联络线部分桥梁段及接轨处路基。

中铁电气化局新建北京至唐山铁路引入唐山枢纽站前工程项目堆积密度设计为 650 ~700kg/m^3，抗压强度要求≥1.5MPa，设计配合比大约为掺和料比水泥原为 6∶4，经商定设计改变为 1∶1。HTFC 专用掺和料掺量达 50%。

应用部位：唐山项目轻质泡沫混凝土用于铁路拼宽路基填充。

图 12-1　唐山枢纽站前工程项目

12.2　高铁路基

12.2.1　鲁南高铁曲阜东站路基填筑工程

曲阜东站是京沪高速铁路的第9个站点，全线6个精品站之一，位于山东济宁市曲阜市东部（图12-2）。鲁南高铁在此与京沪高铁接轨。

图12-2　曲阜东站路基填筑工程

总承包单位为中铁十局。

泡沫混凝土工程量约为80000m^3，日均浇筑量达到1000m^3。其中，HTFC泡沫混凝土专用掺和料的添加比例达到50%，为项目部节约工程造价约15%，共节约成本800万元。

该项目开创了新型泡沫混凝土技术应用于高铁正线路基填充工程的先河。同时施工周期短，可根据项目工期和工程量随时增加设备，施工速度比传统工艺提升30%～40%，可提前获得工程收益。本项目用时三个月，顺利完工，以专业的泡沫轻质土施工质量和先进的泡沫轻质土施工设备得到总包方和业主方的一致好评。

12.2.2　高铁南阳东站路基填筑项目

南阳东站项目地上建筑面积：长途汽车站（A区）建筑面积为9097.96m^2；公交枢纽站（B区）建筑面积为8621.97m^2；站前广场（C区）建筑面积为1204.32m^2；人行地道建筑面积为473.84m^2；广场铺装建筑面积为29280.36m^2；广场绿化建筑面积为25754m^2（图12-3）。

本项目泡沫轻质土技术主要应用于屋面保温、车库顶板填充及找坡、车库底板填充。该项目为南阳市重点项目，工程质量要求高，工期紧，泡沫混凝土工程量约为20000m^3，日均浇筑量达到1000m^3。

材料总用量为11000t，共节约材料成本约220万元，项目利润率提高了20%，大大节省了项目成本。

图12-3 高铁南阳东站路基填筑项目

12.2.3 天津某高速枢纽工程

项目地址：天津市北辰区。

应用部位：路基填筑（图12-4）。

施工方量：10000m^3。

项目背景：该项目施工区域属于软土路基路段，传统的施工工艺后期沉降大，而且工期要求紧张，高速公路两侧加宽，纵向长度达500m；在该项目中HTFC泡沫混凝土专用掺和料的添加比例达到50%，为项目部节约工程造价约20%。

图12-4 天津北辰高速枢纽工程路基填筑工程

12.3 房建

12.3.1 内乡牧原肉食产业综合体项目

项目地址：内乡县余关镇大花岭。

项目概况：牧原肉食产业综合体项目总投资50亿元，占地2500亩（1亩≈666.67m^2，下同）。

该项目牧原楼房式生猪肉食综合体项目挑战三个极限，领先全球；综合体之于牧原，相当于航空母舰之于国家，属于国之重器；综合体建成后，单体年出栏生猪 210 万头。该项目达产后年产值可达 70 亿元，实现年利润 20 多亿元。

总填充量达到 12000m^3。其中 HTFC 泡沫混凝土专用掺和料的添加比例达到 50%，为项目部降低工程造价约 25%。

应用部位：屋面找坡（图 12-5）。

图 12-5　内乡产业综合体项目屋面找坡工程

12.3.2　成都地铁新线路工程

成都地铁 19 号线是中国四川省成都市正在建设的第十三条地铁线路，其整体呈西北—东南走向，列车采用 8 节编组 A 型列车（机场直达列车采用 6 节编组 A 型列车），标志色为蓝灰色，线网定位为快线干线和机场线功能。

应用部位：地下室回填（图 12-6）。

总填充量达到 30000m^3。其中 HTFC 泡沫混凝土专用掺和料的添加比例达到 50%，为项目部降低工程造价约 25%。

图 12-6　成都地铁地下室回填工程

12.3.3 轻集料混凝土屋面找坡项目

项目地址：河南省中牟县大孟镇平安大道。

应用部位：屋面找坡（图 12-7），地下室垫层。

施工方量：1 万 m^3。

泡沫混凝土用作屋面保温，其轻质高强、保温隔热、物美价廉、施工速度快等优势日益显著。

大幅度节省成本，随着国家环保政策不断出台，水泥生产企业采用错峰生产，水泥价格不断攀升，而且供应紧缺，导致项目施工成本激增，不能连续施工，耽误工期。该项技术与传统工艺相比，水泥用量可下降 50% ~70%，项目利润率提升 15% ~30%。不仅大大降低生产成本，而且可以不间断保证原材料供应，满足工期需求。

图 12-7　河南省中牟县屋面找坡工程

12.4 桥台跳车、桥台背回填

12.4.1 内乡默河水治理工程

项目地址：河南省内乡县默河马山口镇、王店镇、灌涨镇及余关乡。

应用部位：桥台背回填（图 12-8）。

施工方量：7500m^3。

项目背景：内乡默河水污染严重，为改善水环境，净化周边空气，由内乡牧原承接这项工程进行工程治理、改造。内乡河道治理工程为 PPP 项目，是南阳市首个采用泡沫混凝土技术进行桥台背填充的工程。工程涉及默河流域马山口镇、王店镇、灌涨镇、余关镇，治理总长度达 37.96km。总填充量达到 7500m^3。其中 HTFC 泡沫混凝土专用掺和料的添加比例达到 50%，为项目部降低工程造价约 25%。

图 12-8　内乡桥台跳车，桥台背回填

12.4.2　320 国道桐乡凤鸣至大麻段改建工程

工程地点：浙江省嘉兴市桐乡市。

应用部位：桥台背回填。

施工量：2021 年 12 月 21 日至 2022 年 4 月 20 日，施工量为 1.1 万 m^3。

掺和料使用量：截至 2022 年 4 月 20 日为 2400t，HTFC 专用掺和料与水泥比例为 50%，大大降低了成本，预计掺和料使用量为 5 万 t。

本技术可提高强度，通过加入 HTFC 复合矿物掺和料，恰当融合，达到凝固与强度支撑的效果。社会效益突出，可实现多种矿物资源循环利用，节约国家土地资源，保护环境，符合国家政策和产业导向（图 12-9）。

图 12-9　320 国道桐乡凤鸣至大麻段改建工程

12.4.3　西淅高速双管涵夹背狭小空间回填轻质泡沫混凝土工程

西淅高速项目是《河南省高速公路网调整规划》中十二条南北纵线之一，是渑池至淅川高速公路的组成部分（图 12-10）。项目地处豫西南山区，全长 52.817km，起点顺接郑西高速双龙至西峡段西峡枢纽互通一期工程终点，下穿 G40 沪陕高速，终点位于淅川县马蹬镇西北寇楼村附近，顺接渑淅高速马蹬至豫鄂交界段。西淅高速二标双管涵夹背回填工程轻质泡沫混凝土工程位于包上村附近，西淅高速 K14 + 195.51 − 6 × 4m 钢筋混凝土拱形通道，长度 60.24m，净宽 6m，净高 4m；K14 + 211.51 − 6 ×

4m 钢筋混凝土拱形涵洞，长度 72m，净宽 6m，净高 4m；洞口结构形式均为八字墙，管涵之间夹背空间用轻质泡沫混凝土回填。

主要利用轻质泡沫混凝土的轻质高强特性，填充自密实，无须振捣碾压，无侧压力，减轻管涵顶部荷载等特点，解决了传统回填施工空间受限的难题。HTFC 泡沫混凝土专用掺和料掺量达 50%，社会效益突出，可实现多种矿物资源循环利用，节约国家土地资源，保护环境，符合国家政策和产业导向。

图 12-10 西淅高速双管涵夹背狭小空间回填轻质泡沫混凝土工程

12.5 软基换填

12.5.1 宁波配套道路工程

项目地址：宁波奉化收费站。

应用部位：路基填筑（图 12-11）。

施工方量：8000m^3。

项目背景：该项目施工区域属于软土路基路段，传统的施工工艺后期沉降大，而且旧道路改造场地有限，工期要求紧张，施工长度达 800m；在该项目中 HTFC 泡沫混凝土专用掺和料的添加比例达到 50%，为项目部节约工程造价约 26%。

图 12-11 宁波收费站路基填筑

综合造价成本低，社会效益突出，可实现多种矿物资源循环利用，节约国家土地资源，保护环境，符合国家政策和产业导向。

12.5.2 武汉智能网联汽车测试场一期汽车竞速区地基处理工程项目

项目地址：武汉市蔡甸区通顺大道东侧（武汉经济技术开发区104E地块）

智能网联汽车测试场总占地约1313亩（图12-12）。

应用部位：地基处理（软基换填）。

应用优势：本项目是2021年国家重点建设工程，轻质高强、无侧压力、节约施工周期和综合成本，低碳节能，保护环境。本项目材料泡沫混凝土加入专用固废掺和料50%，大大降低了工程成本。

图12-12　武汉智能网联汽车测试场一期汽车竞速区地基处理工程项目

参考文献

［1］闫振甲，何艳君．工业废渣生产建筑材料实用技术［M］．北京：化学工业出版社，2001.

［2］蒲心诚．碱矿渣水泥与混凝土［M］．北京：科学出版社，2010.

［3］刘数华，冷发光，李丽华，等．混凝土辅助胶凝材料［M］．北京：中国建材工业出版社，2010.

［4］吴正直．粉煤灰房建材料的开发与应用［M］．北京：中国建材工业出版社，2003.

［5］中华人民共和国国家质量监督检验检疫总局，中国国家标准化管理委员会．用于水泥和混凝土中的粉煤灰：GB/T 1596—2017［S］．北京：中国标准出版社，2017.

［6］中华人民共和国国家质量监督检验检疫总局，中国国家标准化管理委员会．用于水泥、砂浆和混凝土中的粒化高炉矿渣粉：GB/T 18046—2017［S］．北京：中国标准出版社，2017.

［7］中华人民共和国国家质量监督检验检疫总局，中国国家标准化管理委员会．泡沫混凝土砌块用钢渣：GB/T 24763—2009［S］．北京：中国标准出版社，2010.

［8］中华人民共和国国家质量监督检验检疫总局，中国国家标准化管理委员会．铁尾矿砂：GB/T 31288—2014［S］．北京：中国标准出版社，2015.

［9］国家环境保护总局．环境标志产品技术要求 化学石膏制品：HJ/T211—2005［S］．北京：中国环境科学出版社，2006.

［10］中华人民共和国住房和城乡建设部．铁尾矿砂混凝土应用技术规范：GB 51032—2014［S］．北京：中国计划出版社，2015.

［11］中华人民共和国工业和信息化部．尾矿砂浆技术规程：YB/T 4185—2009［S］．北京：冶金工业出版社，2010.

［12］钱觉时．粉煤灰特性与粉煤灰混凝土［M］．北京：科学出版社，2002.

［13］河南华泰新材科技股份有限公司．高掺量工业固废泡沫混凝土及其应用技术研究［Z］．